普通高等教育“十四五”规划教材

直流调速运动控制系统

付根平　朱立学　主　编

中国农业大学出版社
·北京·

内容简介

本教材以直流电动机的调压调速为主线，按照从开环到闭环、从有静差到无静差、从单闭环到双闭环的次序介绍直流调速运动控制系统的结构、工作原理、静特性、数学模型和动态性能。内容共分 4 章：第 1 章介绍运动控制系统的组成、转矩控制规律以及典型的生产机械负载转矩特性；第 2 章介绍转速反馈控制的直流调速系统；第 3 章介绍转速、电流反馈控制直流调速系统的组成及其静特性、动态过程分析并采用工程方法设计转速和电流调节器；第 4 章根据课程关键知识点设计了多个实验，在 MATLAB 中建模并仿真。

本书思路清晰、重点突出、易学易用，既可作为应用型本科院校自动化、电气工程及其自动化等相关专业教材使用，也可供从事运动控制的工程技术人员参考。

图书在版编目(CIP)数据

直流调速运动控制系统/付根平，朱立学主编．--北京：中国农业大学出版社，2022.12

ISBN 978-7-5655-2908-5

Ⅰ.①直… Ⅱ.①付… ②朱… Ⅲ.①直流调速-控制系统 Ⅳ.①TM921.5

中国国家版本馆 CIP 数据核字(2023)第 001029 号

书　名 直流调速运动控制系统

作　者 付根平　朱立学　主编

策划编辑 司建新　　**责任编辑** 司建新
封面设计 郑　川
出版发行 中国农业大学出版社
社　址 北京市海淀区圆明园西路 2 号　　**邮政编码** 100193
电　话 发行部 010-62733489，1190　　读者服务部 010-62732336
编辑部 010-62732617，2618　　出　版　部 010-62733440
网　址 http://www.caupress.cn　　**E-mail** cbsszs@cau.edu.cn
经　销 新华书店
印　刷 北京鑫丰华彩印有限公司
版　次 2022 年 12 月第 1 版　2022 年 12 月第 1 次印刷
规　格 170 mm×228 mm　16 开本　9.25 印张　170 千字
定　价 32.00 元

图书如有质量问题本社发行部负责调换

本书编委会

主　编：付根平　朱立学

副主编：黄伟锋　张世昂　韦鸿钰　孔少挺

编　者：（按姓氏笔画为序）

韦鸿钰（仲恺农业工程学院）

孔少挺（广东省电子职业技术学校）

付根平（仲恺农业工程学院）

朱立学（仲恺农业工程学院）

张世昂（仲恺农业工程学院）

黄伟锋（仲恺农业工程学院）

前　言

本书是高等教育“十四五”规划教材之一。全书由仲恺农业工程学院和广东省电子职业技术学校编写。在编写过程中，遵循“继承与创新”的原则，吸收和借鉴了本领域国内外同行的研究成果，力求编写出符合我国现代高等教育需要、总体水平较高的新教材。

运动控制系统是自动化、电气工程及其自动化、机器人工程等专业的一门重要专业主干课程，是电气控制与自动控制相结合、强电与弱电相结合，是自动控制理论、电力电子技术、电机学、信号检测与处理等多学科交叉的综合性课程。近年来，虽然交流调速技术发展很快，已逐步取代直流调速系统，然而直流调速运动控制系统不仅在理论上和实践上都比较成熟，而且还在广泛应用；从控制规律角度而言，直流调速系统又是交流调速系统的基础。因此，掌握直流调速运动控制系统的基本规律和控制方法是非常必要的。

由于运动控制系统课程涉及的内容较多、难度较大，目前国内外同类型教材对运动控制系统的内容覆盖面较广，内容较抽象，本科生学习难度很大。结合新工科背景下本科生的培养目标，本书以直流调速运动控制系统的原理、分析和设计为主线，理论与实际相结合，图表与文字相结合，由简入繁，内容讲解注重原理和细节，语言通俗易懂，便于本科生理解和掌握，以培养学生应用自动控制理论解决运动控制系统的分析和设计的能力。此外，根据运动控制系统课程偏重于实践应用的特点，以及部分高校硬件实验平台陈旧短缺的问题，本书编制了多个仿真实验和课程设计，学生可以很方便地在 MATLAB 软件中建立运动控制系统的模型并进行仿真实验，从而加深对相关内容的理解和掌握。

本书内容上以直流电动机的调压调速为主线，按照从开环到闭环、从有静差到无静差、从单闭环到双闭环的次序论述直流调速运动控制系统的结构、工作原理、静特性、数学模型、动态性能和设计方法。全书内容共由 4 章组成：第 1 章绪论介绍运动控制系统的组成、转矩控制规律以及典型的生产机械负载转矩特性。第 2 章首先介绍基于晶闸管整流器和 PWM 变换器的开环直流调速系统。为了提高调速系统的稳态性能指标，采用比例和积分控制的转速反馈调速系统，同时引入电流截止环节，限制直流电动机起动时的电枢电流。此外，还介绍了数字测速和数字 PI 算法等直流电动机数字控制技术。第 3 章介绍转速、电流反馈控制直流调速系统的组成、静特性、动态起动过程，并采用工程方法设计转速和电流调节器。第 4 章根据运动控制系统的关键知识点设计了多个仿真实验，在 MATLAB 中建立运动控制系统的模型并进行仿真验证。

本书语言通俗易懂，具有较强的实用性，适于高等院校自动化、电气工程及其自动化等相关专业本科“运动控制系统”或“电力拖动自动控制系统”等课程教学使用，还可供从事运动控制的工程技术人员参考。

本书的编写分工安排如下：第 1 章由朱立学编写，第 2 章由付根平、黄伟锋、张世昂编写，第 3 章由韦鸿钰、付根平编写，第 4 章由付根平、孔少挺编写。全书由付根平、朱立学负责统稿、修改、润色和定稿。

本书承蒙广东工业大学杨宜民教授、张祺副教授和电子科技大学中山学院杨亮教授悉心审阅，他们提出了许多宝贵意见和修改建议。同时，本书参阅了近年来国内外同行的大量著作、教材、论文等文献资料，部分已列入参考文献，尚有不少未及一一列出，在此一并表示感谢。

由于编者知识和能力有限，本书难免存在诸多不足之处，诚恳希望各位同行和广大读者批评指正。

编　者

2022 年 11 月于广州

目　录

1 绪 论

1.1 引言

电力拖动以电动机作为动力源，带动机械负载运转，实现电能与机械能之间的能量变换。

从应用角度考虑，电动机是配角，是为生产机械服务的配套部件。但在电力拖动理论里，电动机是分析的核心和主角，而生产机械则是它的负载。

要用电动机带动生产机械负载运转，先得为生产机械配备电动机，然后再考虑如何让电动机按照期望的方式运转。最简单的方法是提供合适的电源，接通开关让电动机转动起来。在这种情况下，电力拖动系统的转速由电动机及负载的固有特性决定，不能随意改变，因此，这是不能调速的电力拖动。

然而，有些时候却需要改变系统稳定运行的速度，即需要调速。例如以下情况：

(1)风机和水泵的流量、压力等参数与转速有关，为控制这些参数需要调速；

(2)某些生产线的运行速度与产品类型有关，比如造纸机，生产厚纸和薄纸的转速不一样，故需要调速；

(3)垂直电梯、起重机在快到达指定位置时需要以比正常速度低很多的运行速度来实现准确的定位，显然也需要调速。

电力拖动自动控制系统——运动控制系统的任务是通过控制电动机的电压、电流、频率等参数，来改变工作机械的转矩、速度、位移等机械量，使各种工作机械按期望的要求运行，以满足生产工艺及其他应用的需要。工业生产和科学的发展，对运动控制系统提出了新的更为复杂的要求，同时也为研制和生产各类新型控制系统提供了可能。运动控制系统在工业生产、交通运输、日常生活等领域均有广泛的用途，其具体应用场景及实例如表 1-1 所示。

表 1-1 运动控制系统应用场景及实例

应用场景	实例
工业生产	轧钢、造纸、工业机器人
交通运输	高铁机车、电动汽车
军事设备	雷达、导弹尾翼控制
农业生产	植保无人机、水泵
日常生活	电梯、滚筒直驱洗衣机、电风扇

现代运动控制技术以各类电动机为控制对象，以计算机、微控制器或其他电子装置为控制手段，以电力电子功率变换装置为弱电控制强电的纽带，以自动控制理论和信息处理理论为理论基础，以 MATLAB 等计算机仿真软件和计算机辅助设计(CAD)为研究开发和试验的工具。因此，现代运动控制技术是由电机学、电力电子技术、微电子技术、计算机控制技术、自动控制理论、信号检测与处理技术等多门学科相互交叉的综合性学科，具体如图 1-1 所示。

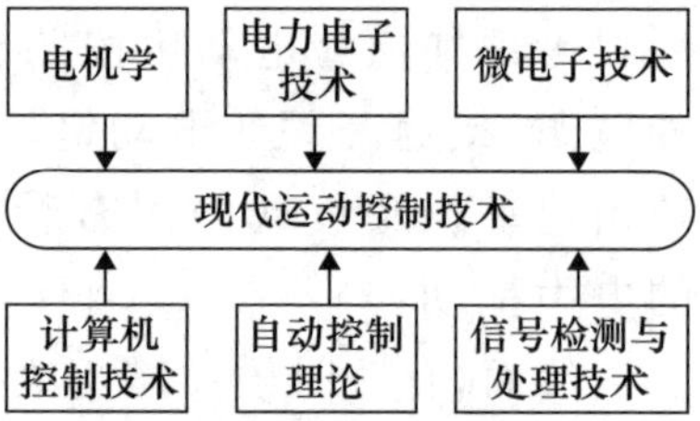

图 1-1 现代运动控制技术及其相关学科

1.2 运动控制系统及其组成

运动控制系统主要由电动机、功率放大与变换装置、控制器、信号检测传感器与数据处理等部分构成，结构框图如图 1-2 所示，下面分别详细介绍其中各组成部分。

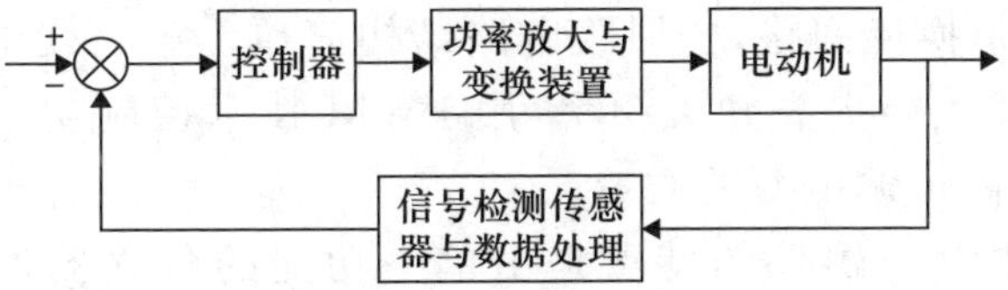

图 1-2 运动控制系统的结构框图

1.2.1 电动机

运动控制系统的控制对象为各类电动机，根据工作原理可分为直流电动机、交流感应电动机（又称作交流异步电动机）和交流同步电动机等，根据用途可分为用于调速系统的拖动电动机和用于伺服系统的伺服电动机。

直流电动机结构复杂、制造成本高，电刷和换向器限制了转速与容量。交流电动机结构简单、制造容易，无须机械换向器，故其允许转速与容量均超过直流电动机。同步电动机的转速等于同步转速，机械特性硬，功率因数可调。但在恒频电源供电时调速较为困难，而变频器的诞生不仅解决了同步电动机的调速，还解决了其起动和失步问题，有效促进了同步电动机在运动控制系统中的应用。

1.2.2 功率放大与变换装置

功率放大与变换装置有电机型、电磁型、电力电子型等，现在多用电力电子型的。电力电子器件经历了由半控型向全控型、由低频开关向高频开关、由分立的器件向具有复合功能的功率模块发展的过程。电力电子技术的发展，使功率放大与变换装置的结构趋于简单、性能趋于完善。

晶闸管（SCR）是第一代电力电子器件的典型代表，属于半控型器件，通过门极（G 极）只能使晶闸管导通，而无法使它关断。该类器件可方便地应用于相控整流器（AC→DC）和有源逆变器（DC→AC），但用于无源逆变（DC→AC）或直流 PWM（脉冲宽度调制）方式调压（DC→DC）时，必须增加强迫换流回路，使电路结构变得复杂。

第二代电力电子器件是全控型器件，控制门极既可以使器件导通，也可以使它关断，如 MOSFET（功率效应器）、IGBT（绝缘栅双极晶体管）、GTO（可关断晶闸管）等。此类器件用于无源逆变（DC→AC）和直流调压（DC→

DC)时，无须强迫换流回路，主回路电路结构简单。第二代电力电子器件的另一个优点是可大幅提高开关频率，用 PWM 技术控制功率器件的导通与关断，能大大提高可调电源的质量。

第三代电力电子器件的特点是由单一功能的分立器件发展为具有驱动、保护等功能的复合功率模块，提高了器件使用的安全性和可靠性。

图 1-3 为典型的直流电动机驱动控制电路，采用 H 桥可逆 PWM 变换器直流调速系统，单电源供电。U_3、U_4 为高速光电耦合器 TLP250，它将单片机等数字控制器和驱动电路隔离，减少驱动电路对数字控制器的干扰。由于 PWM 信号频率较高，必须选用高速光耦才能满足高速开关要求。U_1、U_2 为半桥驱动器 IR2101，驱动 H 桥上下臂功率管。它将隔离后的 PWM 信号放大，然后控制 H 桥功率驱动电路对直流电动机调速。它在两输出信号之间插入了一定的死区时间，以避免上下桥臂功率管直通而导致电源短路。Q_1、Q_2、Q_3、Q_4 为 N 沟道增强型功率管 IRF540，组成 H 桥电动机驱动电路。由于 IRF540 内嵌了体二极管，属于复合功率器件，能够提供续流回路，因此不需要外接续流二极管。

数字控制器输出的电动机调速信号 PWM1H 为低电平时，经光耦隔离

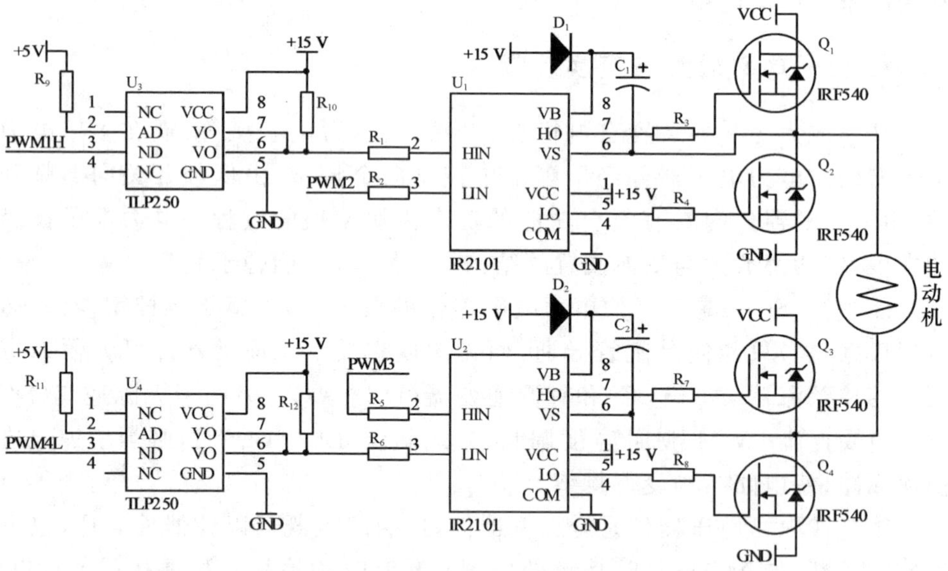

图 1-3 直流电动机驱动控制电路

后输出高电平，再通过 IR2101 放大后输出接近于电源电压的高电平，加到 Q_1 的栅极驱动它导通。同理，若 PWM4L 也为低电平，则 Q_4 也导通。此时，电动机两端加正向电压，实现电动机正转或反转制动。同理，若 PWM1L、PWM2H 都为低电平，则 PWM2、PWM3 均为高电平，驱动 Q_2、Q_3 导通，电动机两端为反向电压，电动机反转或正转制动。因为电动机换向的频率较低，为了降低系统功耗，所以采用单极式控制，使 H 桥下臂处于常开或常闭状态，只有电动机换向时才进行开关切换。而上桥臂由 PWM 信号控制，产生连续可调的控制电压。即当需要电动机正转时，让 PWM4L 为持续低电平，使 Q_4 一直导通，而 Q_1 则由 PWM 信号控制。

当电动机制动时，Q_1、Q_3 关闭，切断 H 桥的上桥臂，Q_2、Q_4 导通，电动机惯性转动时所产生的电流能在电动机里产生一个与惯性旋转方向相反的磁场，使电动机内部产生很强的磁阻尼，从而使直流电动机快速制动。

1.2.3 控制器

控制器分为模拟控制器和数字控制器两类，也有模数混合的控制器，现在越来越多地使用全数字控制器。

模拟控制器常用运算放大器及相应的电容、电阻等元器件实现，具有物理概念清晰、控制信号流向直观等优点，其控制规律体现在硬件电路和所用器件上，因而电路结构复杂、通用性差，且控制效果受到器件性能、温度等因素的影响。

以微处理器为核心的数字控制器，如 MCS-51 单片机、DSP、STM32、ARM 等，硬件电路标准化程度高、制作成本低、通用性强，且不存在器件温度漂移的问题。其控制规律体现在软件上，修改灵活方便。此外，还具有数模转换、信息存储和数据通信等模拟控制器不能实现的功能。

然而，模拟控制器的所有运算能够同时并行运行，控制器的滞后时间很短，可以忽略不计；而微处理器在任何时刻只能执行一条指令，属串行运行方式，其滞后时间相比模拟控制器大得多，因此，在实时性要求较高的运动控制系统设计时应予以考虑。

1.2.4 信号检测传感器与数据处理

运动控制系统中常需要检测电压、电流、转速和位置等反馈信号，为了准确获取这些信号，并实现功率电路（强电）和控制器（弱电）之间的电气隔离，需要用到相应的传感器。电压、电流传感器的输出信号通常为连续的模拟量，而转速和位置传感器的输出信号因传感器的类型而异，可以是连续的模拟量，也可以是离散的数字量。由于负反馈控制系统无法抑制反馈通道上的扰动，所以，要求信号检测传感器必须具有足够高的精度，这样才能保证运动控制系统的准确性。

信号转换和处理包括电压匹配、极性转换、脉冲整形等，对于计算机数字控制系统而言，必须将传感器输出的模拟或数字信号转换成可用于计算机运算的数字量。数据处理的另一个重要作用是去伪存真，即从带有随机扰动的信号中筛选出反映被测量的真实信号，去掉随机扰动信号，以满足控制系统的需要。常用的数据处理方法是信号滤波（如连续几个采样时刻的数据加权平均），模拟控制系统常采用模拟器件构成的滤波电路（如一、二阶网络组成的高、低通 RC 滤波电路），而计算机数字控制系统往往采用模拟滤波电路和计算机软件数字滤波相结合的数据处理方法，提高所测信号数据的准确性。

1.3 运动控制系统的转矩控制规律

运动控制系统的基本运动方程式可表示为：

$$J_m \frac{d\omega_m}{dt} = T_e - T_L - f_m\omega_m - K_m\theta_m \tag{1-1}$$

$$\frac{d\theta_m}{dt} = \omega_m \tag{1-2}$$

式中，J_m——机械转动惯量（$kg \cdot m^2$）；

ω_m——转子的机械角速度（rad/s）；

θ_m——转子的机械转角（rad）；

T_e——电磁转矩（N·m）；

T_L——负载转矩（N·m）；

f_m——黏性摩擦系数（N·m·s/rad）；

K_m——扭转弹性系数（N·m/rad）。

由于系统的黏性摩擦转矩 $f_m\omega_m$ 和扭转弹性转矩 $K_m\theta_m$ 较小，为了便于系统分析，忽略黏性摩擦转矩和扭转弹性转矩，则运动控制系统的基本运动方程式(1-1)可简化为：

$$J_m \frac{d\omega_m}{dt} = T_e - T_L \tag{1-3}$$

若采用工程单位制，则式(1-3)可改写为：

$$\frac{GD^2 dn}{375dt} = T_e - T_L \tag{1-4}$$

式中，GD^2——转动惯量，习惯称飞轮力矩($N \cdot m^2$)，$GD^2 = 4gJ_m$；

n——转子的机械转速(r/min)，$n = \frac{60\omega_m}{2\pi}$。

运动控制系统的任务是控制电动机的转速和转角，对于驱动生产机械做直线运动的电动机而言是控制速度和位移。由式(1-3)可知，要控制电动机的转速和转角唯一的途径就是控制电动机的电磁转矩 T_e，使转速变化率按期望的规律变化。因此，转矩控制是运动控制的根本问题。

为了有效地控制电磁转矩 T_e，充分利用电动机铁心，在一定的电流作用下尽可能产生最大的电磁转矩，以加快系统的过渡过程，必须在控制转矩的同时也控制磁通。因为当磁通很小时，即使电枢电流(或交流电机定子电流的转矩分量)很大，实际转矩仍然很小。何况由于物理条件限制，电枢电流(或定子电流)总是有限的。因此，磁通控制与转矩控制同样重要。通常在基速(额定转速)以下采用恒磁通控制，而在基速以上采用弱磁控制。

1.4 生产机械的负载转矩特性

对运动控制系统而言，生产机械的负载转矩是一个必然存在的不可控扰动输入，生产机械的负载转矩特性直接影响运动控制系统的控制方案选择和系统的动态性能。为了全面了解运动控制系统的特性，方便控制系统的设计和调试，下面介绍几种典型的生产机械负载转矩特性。而实际生产机械的负载转矩特性可能是多个典型负载转矩特性的组合，应根据实际负载的具体情况进行分析。

同一转轴上负载转矩 T_L 和转速 ω(或 n)之间的函数关系，称为生产机械的负载转矩特性。通常指生产机械驱动电动机转轴上的负载转矩与转速之间的关系，如图 1-4 所示，电动机输出的电磁转矩 T_e和生产机械的负载转矩 T_L方向相反，与电动机的转速 ω 方向相同。

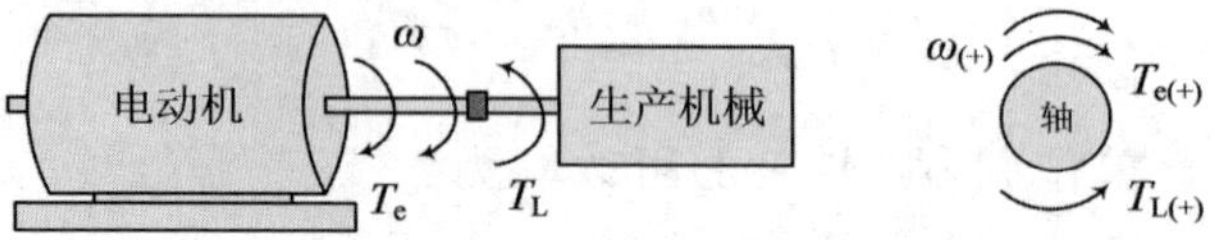

图 1-4　生产机械与电动机所受力矩和转向示意图

1.恒转矩负载特性

负载转矩 T_L的大小恒定，与转速 ω 或 n 无关，称作恒转矩负载。

$$T_L = 常数 \tag{1-5}$$

恒转矩负载包括位能性和反抗性两种。其中，位能性恒转矩负载由重力产生，具有固定的大小和方向（如起重机），如图 1-5(a)所示；而反抗性恒转矩负载的大小不变，方向始终与转速相反（如摩擦转矩），如图 1-5(b)所示。

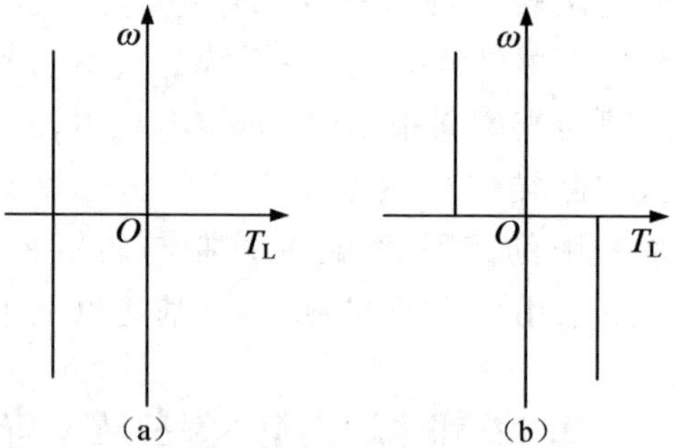

图 1-5　恒转矩负载特性

(a)位能性恒转矩负载；(b)反抗性恒转矩负载

2.恒功率负载特性

恒功率负载的特点是负载转矩与转速成反比，而功率为常数，其表达式为：

$$T_L = \frac{P_L}{\omega} = \frac{常数}{\omega} \tag{1-6}$$

或

$$T_L = \frac{60P_L}{2\pi n} = \frac{常数}{n} \tag{1-7}$$

式中，P_L——机械功率。

恒功率负载特性曲线如图 1-6 所示。应用实例：电缆卷绕机工作时，电缆卷绕越多，负载转矩越大，故转速越慢。车床加工，在粗加工时，切削量大，负载阻力大，需开低速挡；而在精加工时，切削量小，故开高速挡。车床在不同转速下，输出的切削功率基本不变。

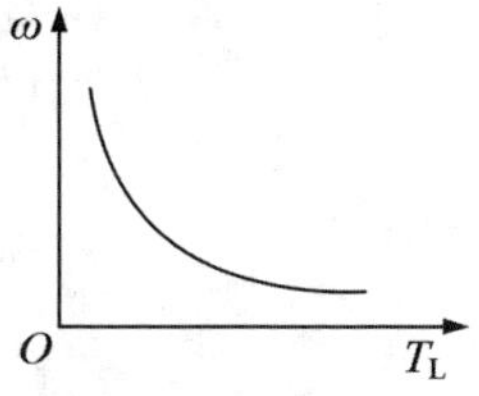

图 1-6 恒功率负载特性曲线

3.风机、泵类负载转矩特性

风机、泵类负载的负载转矩与转速的平方成正比，即：

$$T_L \propto \omega_m^2 \propto n^2 \tag{1-8}$$

类似于离心力原理，风机、泵类负载特性曲线为二次函数抛物线，如图 1-7 所示。其应用实例如离心式鼓风机、水泵、油泵等。

实际生产机械的负载转矩特性可能是以上几种典型负载转矩特性的综合。例如，实际的通风机主要是风机、泵类负载转矩特性，但其轴承上还有一定的摩擦转矩 T_0（反抗性恒转矩负载），如图 1-8 所示，因此，实际的通风机负载转矩特性是这两者的综合。

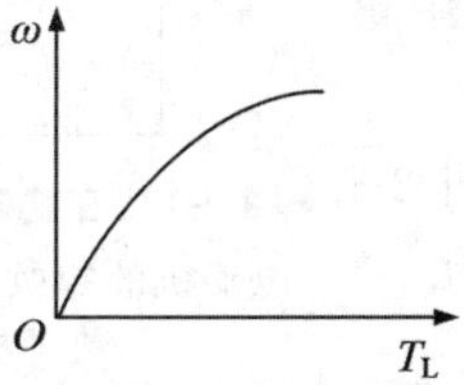

图 1-7 风机、泵类负载特性曲线

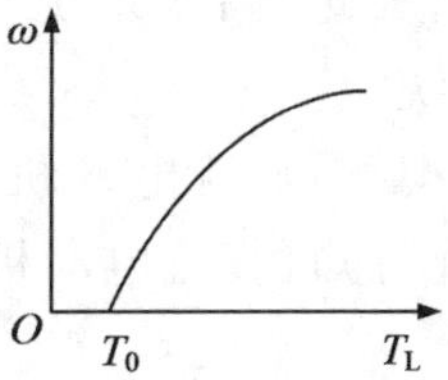

图 1-8 实际的通风机负载转矩特性

2　转速反馈控制的直流调速系统

2.1　直流电动机的几种调速方法

直流电动机具有良好的起动、制动性能，适合在较宽的范围内平滑调速，在许多需要调速和快速正、反转的电力拖动系统中得到了广泛应用。近年来，虽然高性能的交流技术发展很快，交流调速系统已逐步取代直流调速系统。然而，直流拖动控制系统在理论上和实践上都比较成熟，目前还在继续使用；此外，从控制规律的角度而言，直流拖动控制系统又是交流拖动控制系统的基础。显然，掌握直流拖动控制系统的基本规律和控制方法还是非常必要的。

根据生产机械的要求，电力拖动自动控制系统有调速系统、伺服系统、张力控制系统、多电动机同步控制系统等多种类型。这些系统一般是通过控制转速来实现的，因此，调速系统是电力拖动控制系统中最基本的系统。

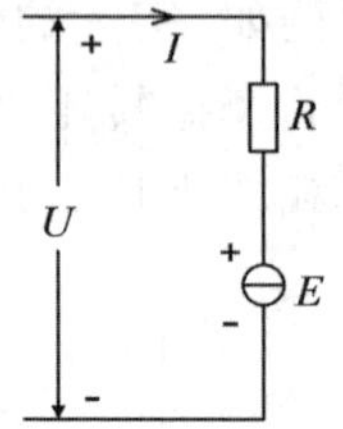

图 2-1　在稳态下直流电动机的等效电路模型

在稳态下，直流电动机的等效电路模型如图 2-1 所示，由此可知，直流电动机的稳态转速表达式为：

$$n = \frac{U - IR}{K_e \varphi} = \frac{E}{K_e \varphi} \tag{2-1}$$

式中，n——转速（r/min）；

U——电枢电压（V）；

I——电枢电流（A）；

R——电枢回路总电阻（Ω）；

φ——励磁磁通（Wb）；

E——电动机反电动势（V）；

K_e——由电动机结构决定的电动势常数。

由式(2-1)可知,调节直流电动机转速的方法有以下三种:

①调节电枢供电电压 U;

②减弱励磁磁通 φ;

③改变电枢回路总电阻 R。

对于要求在一定范围内实现无极平滑调速的运动控制系统来说,以调节电枢供电电压的方式最好。改变串联外接电阻,只能实现有级调速;而减弱磁通虽然也能够平滑调速,但调速范围较小,仅在基速(额定转速)以上作小范围的弱磁升速。因此,自动控制直流调速系统以改变电枢电压的调速方式为主。

为了进一步说明直流电动机三种调速方式的特点,通过稳态下直流调速系统的机械特性曲线进行分析。由式(2-1)可得转速 n 与电枢电流 I 的线性表达式为:

$$n=\frac{U}{K_{e}\varphi}-\frac{R}{K_{e}\varphi}I \tag{2-2}$$

保持励磁磁通 φ 和电枢电阻 R 不变,只改变电枢电压 U,则根据式(2-2)可画出系统调压调速对应的机械特性曲线,如图 2-2 所示。若负载电流 I_L 保持不变,随着电枢电压下降,即 $U_N>U_1>U_2>U_3$,对应的实际转速也相应下降,满足 $n_N>n_1>n_2>n_3$,系统的机械特性曲线平行下移,但各转速误差相同,即 $\Delta n_N=\Delta n_1=\Delta n_2=\Delta n_3$,因为转速误差只与励磁磁通 φ 和电枢电阻 R 有关,而与电枢电压 U 无关。(各变量中下标“N”表示额定)

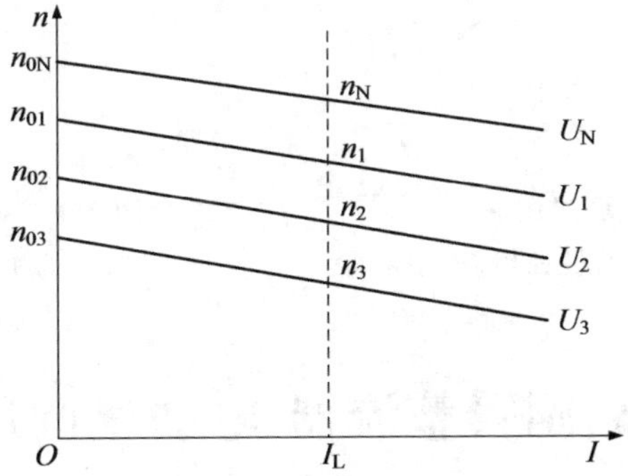

图 2-2 系统调压调速对应的机械特性曲线

保持电枢电压 U 和电枢电阻 R 不变,只改变励磁磁通 φ,根据式(2-2)

可画出系统调磁调速对应的机械特性曲线，如图 2-3 所示。若负载电流 I_L 保持不变，随着励磁磁通 φ 变小，即 $\varphi_N > \varphi_1 > \varphi_2 > \varphi_3$，对应的实际转速上升，满足 $n_N < n_1 < n_2 < n_3$。系统的机械特性曲线变软，抗负载扰动的能力变差。若电动机输出功率不变，随着转速上升，电动机输出的电磁转矩将变小，因此，减弱励磁磁通调速方式只适合负载较轻的调速系统。

此外，通常情况下直流电动机以额定磁通运行，即励磁端工作在额定电流下，产生额定的磁通量。若要增加磁通，则必须加大励磁电流，那样直流电动机容易因过热而损坏，故不宜采用增强磁通的方式来降低电动机的转速。而只能通过减小励磁电流，降低磁通量，实现提高转速。

保持电枢电压 U 和励磁磁通 φ 不变，只改变电枢电阻 R，根据式(2-2)可画出系统调阻调速对应的机械特性曲线，如图 2-4 所示。由式(2-2)可知，转速误差与电枢电阻成正比，因此，若负载电流 I_L 保持不变，随着电枢电阻 R 变大，即 $R_N < R_1 < R_2 < R_3$，对应的实际转速下降，满足 $n_N > n_1 > n_2 > n_3$。系统的机械特性曲线变软，抗负载扰动的能力变差。

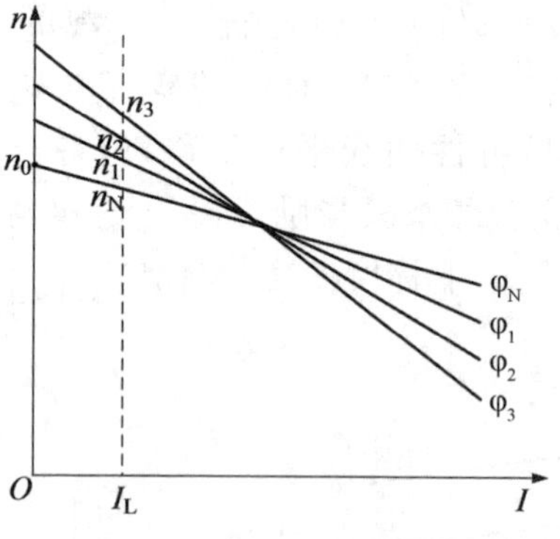

图 2-3　系统调磁调速对应的机械特性曲线

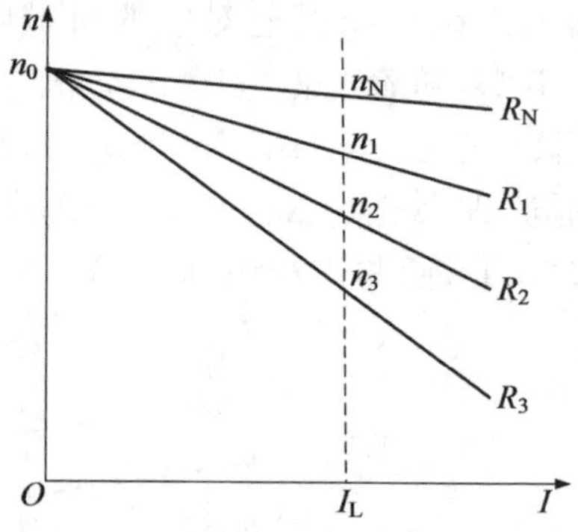

图 2-4　系统调阻调速对应的机械特性曲线

2.2　晶闸管整流器-电动机调速系统

直流电动机通过调节电枢电压方式可以在较宽范围内实现无极平滑调速，然而，调节电枢电压需要先解决可控直流电源的问题。目前，可控直流电源主要有两种实现方式:基于晶闸管整流器和基于直流 PWM 变换器,其中,晶闸管整流器主要由半控型的晶闸管组成,把交流电源直接转换成可控的直流电源;而直流 PWM 变换器主要由全控型的电力电子器件组成,先用不可控整流方式把交流电源整成直流电源,再通过 PWM 方式调制输出可控的直流电源。采用晶闸管整流器的是晶闸管整流器-电动机调速系统,其从 20 世纪 60 年代起得到了广泛的应用。

晶闸管整流器-电动机调速系统(简称"V-M 调速系统")的原理图如图 2-5 所示,通过调节触发装置 GT 的控制电压 U_c 来移动触发脉冲的相位,改变晶闸管整流器输出的平均直流电压 U_d,从而实现直流电动机的平滑调速。图 2-5 中,VT 是晶闸管整流器,可由不同数量的晶闸管组成单相(三相)半波(全波)整流器;GT 为触发装置,将控制电压 U_c 转换成触发脉冲,由控制电压 U_c 决定晶闸管的触发导通时间——触发延迟角 α;L 为平波电抗器,对晶闸管整流后的电压进行电感滤波,以减少纹波。

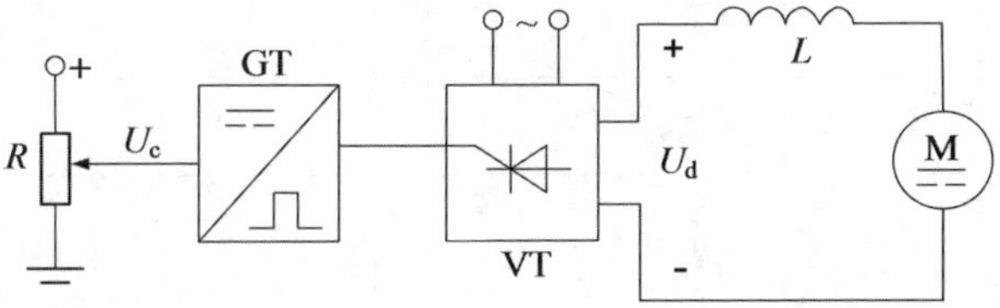

图 2-5 晶闸管整流器-电动机(V-M)调速系统原理图

在理想情况下,晶闸管整流器输出的平均电压 U_d 和控制电压 U_c 之间呈线性关系,即:

$$U_d = K_s U_c \tag{2-3}$$

式中,K_s——晶闸管整流器的电压放大系数。

在晶闸管整流器-电动机调速系统中,存在着几个对于调速系统的分析、设计和实际应用都非常重要的问题,下面逐一进行详细分析。

2.2.1 晶闸管整流器的输出电压和电流波形

如图 2-6 所示,以带 R-L-E 负载的单相全波桥式晶闸管整流电路为例,分析晶闸管整流器-电动机调速系统的工作原理、输出电压和电流波形及其脉动特性。

在晶闸管触发脉冲的控制下，由四个晶闸管 V_1、V_2、V_3、V_4组成的整流桥对整流变压器二次侧输出的正弦波电压 u_2 进行整流，其输出电压 u_d和电流 i_d的波形如图 2-7 所示。考虑到各控制信号周期性的特点，现以 $0\sim t_3$的一个周期进行分析。

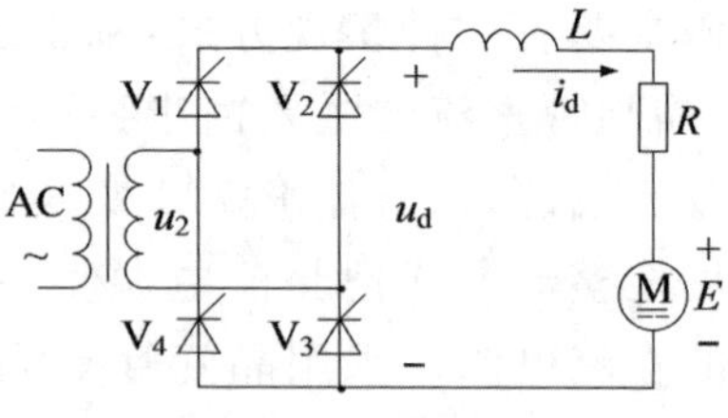

图 2-6 带 *R-L-E* 负载的单相全波桥式晶闸管整流电路

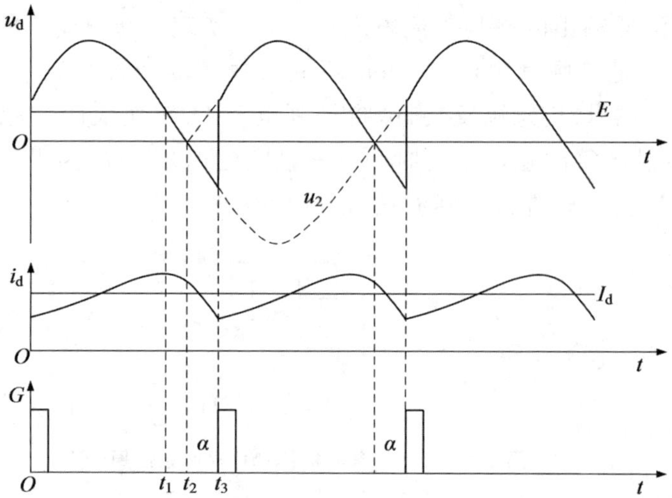

图 2-7 带 *R-L-E* 负载的单相全波桥式整流电路的输出电压和电流波形

在 $0\sim t_1$阶段，输入电压 u_2大于反电动势 E，晶闸管 V_1、V_3承受正向电压，且触发脉冲到，故 V_1、V_3导通，V_2、V_4因承受反向电压而截止，忽略 V_1、V_3的导通压降，则输出电压 $u_d=u_2$，电感 L 处于充电储能状态，电流 i_d为顺时针方向。

在 $t_1\sim t_2$阶段，输入电压 u_2小于反电动势 E，电感 L 处于放电续流状态，晶闸管 V_1、V_3继续导通，电流 i_d保持顺时针方向不变，而 V_2、V_4因承受反向电压保持截止，输出电压 $u_d=u_2$。

在 $t_2\sim t_3$阶段，V_2、V_4虽承受正向电压，但触发脉冲延迟角 α 未到，故继续处于截止状态，而电感 L 持续放电续流，使得 V_1、V_3保持导通，电流 i_d还是顺时针方向，故输出电压 $u_d = u_2$，由于输入电压 u_2 过了零点，所以 u_d 为负值。

在 t_3 时刻，由于 V_2、V_4 承受正向电压，并且触发脉冲延迟角 α 刚到，故 V_2、V_4 立刻导通，使得 V_1、V_3 因承受反向电压而关断，输出电压 u_d 瞬间从负值变为正值，但其大小仍然和 u_2 相等，即 $u_d = -u_2$，而电流 i_d 还是维持顺时针方向，电感 L 则切换到充电储能状态。

综上所述，晶闸管导通后虽然输入电压 u_2 降低到反电动势 E 以下，但仍然可以依靠电感放电续流而维持晶闸管的导通和电流 i_d 的继续流通，并且电流 i_d 的方向不会发生变化。

在图 2-6 中，根据电路知识和电感感应电压的定义，可得电感 L 两端的电压 u_L 表达式为：

$$u_L = L\frac{\mathrm{d}i_d}{\mathrm{d}t} = u_2 - i_d R - E \tag{2-4}$$

由于回路电阻 R 很小，故可忽略电阻 R 上的压降，则由式(2-4)可得电流 i_d 的导数表达式为：

$$\frac{\mathrm{d}i_d}{\mathrm{d}t} = \frac{u_2 - E}{L} \tag{2-5}$$

由式(2-5)和图 2-7 可知，在 $0 \sim t_1$ 阶段，因为输入电压 u_2 大于反电动势 E，故电流 i_d 的导数大于零，表明电流在变大，电感处于充电状态，但由于 u_2 在下降，使得电流 i_d 增速逐渐变缓。而在 $t_1 \sim t_3$ 阶段，因为输入电压 u_2 已降低到反电动势 E 以下，故电流 i_d 的导数小于零，表明电流在减小，电感处于放电状态，且 u_2 与 E 的差值越来越大，表示电流 i_d 下降的速度越来越快。

脉动的电流波形使 V-M 调速系统主电路可能出现电流连续和断续两种情况。当 V-M 调速系统主电路有足够大的电感量，且负载电流较大时，电流便具有连续的脉动波形。而当调速系统中电感较小或负载较轻时，在电流 i_d 上升阶段，电感存储的能量不够多，等到 i_d 下降时，电感中的能量释放出来续流，但由于储能较少，在下一晶闸管尚未被触发导通之前，i_d 已衰减到零，于是出现电流波形的断续，如图 2-8 所示。

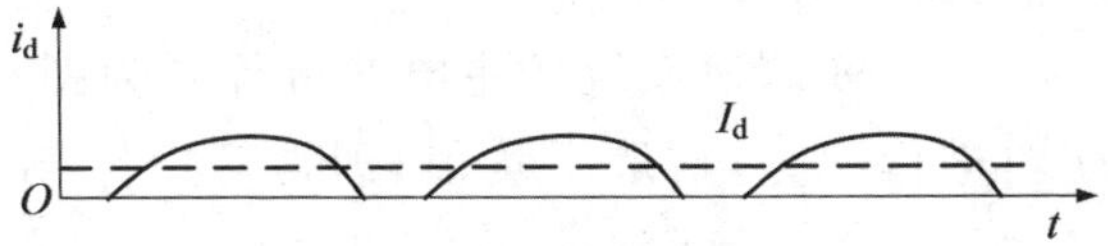

图 2-8　电流断续的波形

在 V-M 调速系统中，脉动电流会增加电动机的发热，同时也会产生脉动转矩，对生产机械非常不利。此外，电流断续给用平均值描述的调速系统带来非线性的因素，它将引起机械特性的非线性，从而影响系统的运行性能。因此，要尽量避免出现电流断续。

为了避免或减轻电流脉动的影响，需采用抑制电流脉动的措施，主要有以下几方面：

(1)增加整流电路相数，或采用多重化技术；

(2)设置电感量足够大的平波电抗器。

2.2.2 触发脉冲相位控制

在图 2-5 所示的 V-M 调速系统中，调节控制电压 U_c，可以移动触发装置 GT 输出脉冲的触发延迟角 α，从而改变晶闸管整流器 VT 输出的瞬时电压 u_d 波形，以及平均电压 U_d 的大小。在分析 V-M 调速系统的主电路时，如果把整流装置内阻 R_{rec} 移到装置外边，看成负载电阻的一部分，那么，整流电压便可用其理想空载瞬时值 u_{d0} 和平均值 U_{d0} 来表示。瞬时电压平衡方程式可表示为：

$$u_{d0} = E + i_d R + L\frac{\mathrm{d}i_d}{\mathrm{d}t} \tag{2-6}$$

式中，E——电动机反电动势(V)；

i_d——整流电流瞬时值(A)；

L——主电路总电感(H)，是平波电抗器电感和电机电枢电感之和；

R——主电路总电阻(Ω)，$R = R_{rec} + R_a + R_L$；

R_{rec}——整流装置内阻(Ω)，包括整流器内部的电阻、整流器件正向压降所对应的电阻、整流变压器漏抗换相压降相应的电阻；

R_a——电动机电枢电阻(Ω)；

R_L——平波电抗器电阻(Ω)。

因此，图 2-5 所示 V-M 调速系统的主电路可等效为图 2-9 所示的电路。对 u_{d0} 在一个周期内进行积分，再取平均值，即得理想空载下整流电压的平均值 U_{d0}。

用触发脉冲的触发延迟角 α 控制整流电压的平均值 U_{d0} 是晶闸管整流

器的特点。U_{d0}与触发脉冲的触发延迟角 α 的关系因晶闸管整流电路的形式而异，对于一般的全控整流电路，当电流波形连续时，U_{d0}可用下式表示：

$$U_{d0}=\frac{m}{\pi}U_m\sin\frac{\pi}{m}\cos\alpha \tag{2-7}$$

式中，α——从自然换相点算起的触发脉冲触发延迟角；

U_m——$\alpha=0$ 时的整流电压波形峰值；

m——交流电源一周内的整流电压脉波数。

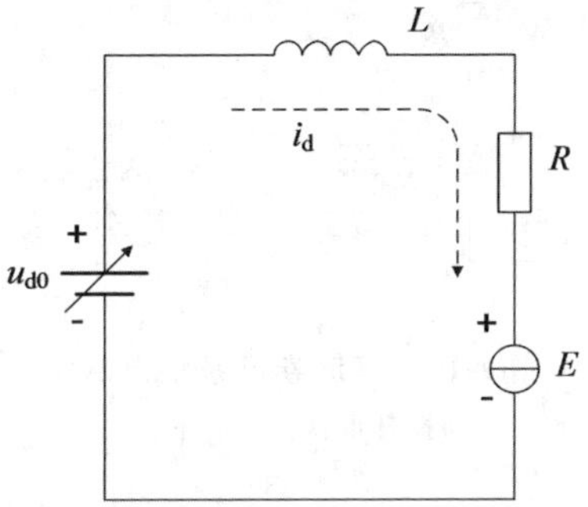

图 2-9　V-M 调速系统主电路的等效电路

当电流波形连续时，不同整流电路的平均整流电压如表 2-1 所示。

表 2-1　不同整流电路的整流电压波峰值、脉冲数及平均整流电压

整流电路	单相全波	三相半波	三相桥式(全波)
U_m	$\sqrt{2}U_2$	$\sqrt{2}U_2$	$\sqrt{6}U_2$
m	2	3	6
U_{d0}	$0.9U_2\cos\alpha$	$1.17U_2\cos\alpha$	$2.34U_2\cos\alpha$

注：U_2为整流变压器二次侧额定相电压的有效值。

由式(2-7)可知，当 $0<\alpha<\pi/2$ 时，$\cos\alpha>0$，$U_{d0}>0$，晶闸管装置处于整流状态，电功率从交流电源传送到直流电动机。因此，对于图 2-10(a)所示直流卷扬系统提升重物的过程中，调节晶闸管的触发延迟角 $\alpha\in(0,\pi/2)$，使晶闸管整流装置工作在整流状态，输出正向电压，此时电压 u_d与反电动势 E 的极性一致。

当 $\pi/2<\alpha<\alpha_{max}<\pi$ 时，$\cos\alpha<0$，$U_{d0}<0$，由于流过晶闸管的电流不能反向，但输出电压反相了，因此，功率传输方向发生改变，晶闸管装置处于有源逆变状态，电功率从电动机传输到电源(电网)。因此，对于图 2-10(b)所示直流卷扬系统放下重物的过程中，因电动机反转，使得反电动势 E 极性改变，故需要调节晶闸管的触发延迟角 $\alpha\in(\pi/2,\pi)$，使晶闸管整流装置工作在逆变状态，输出反向电压，与电动机的反电动势 E 极性一致。

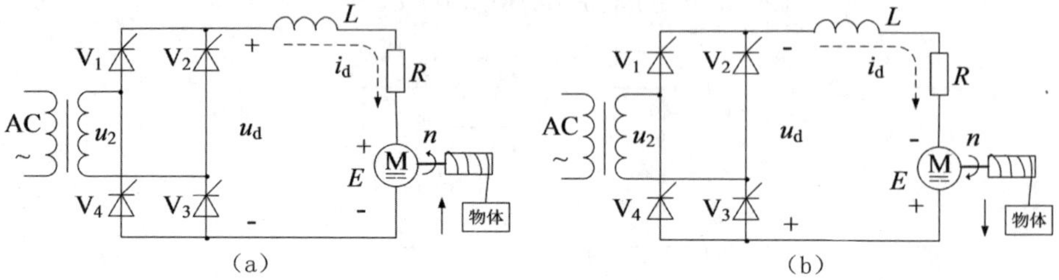

图 2-10 直流卷扬系统电路图

(a)提升重物；(b)放下重物

2.2.3 晶闸管整流器-电动机调速系统的机械特性

当电流波形连续时，V-M 调速系统的机械特性方程式为：

$$n=\frac{1}{K_e\varphi_N}(U_{d0}-I_dR)=\frac{1}{C_e}(U_{d0}-I_dR) \tag{2-8}$$

式中，C_e——电动机在额定磁通下的电动势系数，$C_e=K_e\varphi_N$。

整流电压的平均值 $U_{d0}=f(\alpha)$，如式(2-7)所示，改变晶闸管的触发延迟角 α 可以输出不同的 U_{d0}，相应的机械特性为一族平行直线，如图 2-11 所示。图中电流较小的区域画成虚线，表示电流的波形可能出现断续，此时式(2-7)和式(2-8)已经不适用了。当电流断续时，由于非线性因素，机械特性方程要复杂得多。

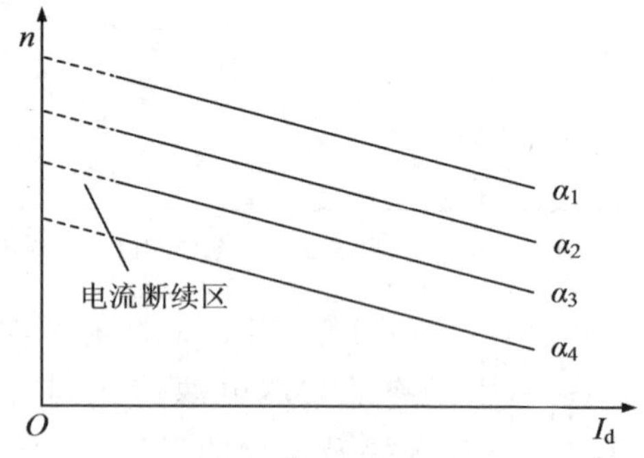

图 2-11 电流连续时 V-M 调速系统的机械特性

V-M 调速系统完整的机械特性

如图 2-12 所示，其中包含了整流状态（$\alpha<\pi/2$）和逆变状态（$\alpha>\pi/2$），电流连续区和电流断续区。由图可知，当电流连续时，系统的机械特性还比较硬；而电流断续区的机械特性则很软，并且呈显著的非线性上翘，使电动机的理想空载转速很高。因此，只要电流连续，晶闸管整流器就可以看成一个线性的可调直流电源。

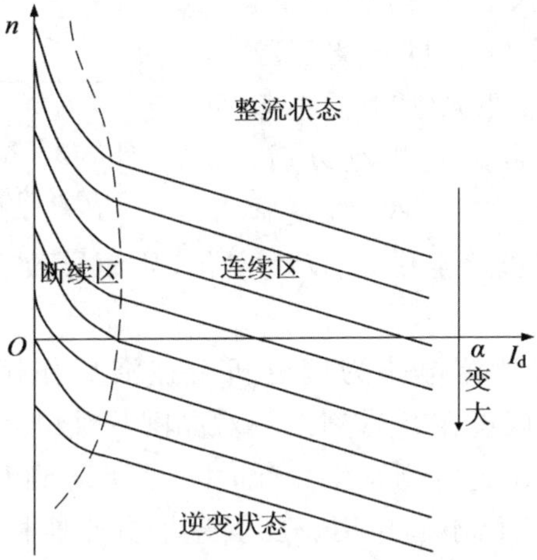

图 2-12 V-M 调速系统的机械特性

2.2.4 晶闸管触发和整流装置的放大系数与传递函数

在进行直流调速系统的分析和设计时，把晶闸管触发和整流装置当作系统中的一个环节。应用线性控制理论时，需先求出该环节的放大系数和传递函数。

实际的触发电路和整流电路都是非线性的，只能在一定的工作范围内近似看成线性环节。可用实验方法测出该环节的输入-输出特性，如图 2-13 所示。在设计时，让整个调速范围的工作点都处在近似线性范围中，并留有一定的调节余量。此时，晶闸管触发和整流装置的放大系数 K_s 由工作范围内的特性曲线斜率决定，计算公式为：

$$K_s=\frac{\Delta U_d}{\Delta U_c} \tag{2-9}$$

如果没有测得特性曲线，也可以根据装置的参数估算。例如，当触发电路控制电压U_c的调节范围是 0～10 V，整流电压U_d的变化范围是 0～220 V 时，可取$K_s=220/10=22$。

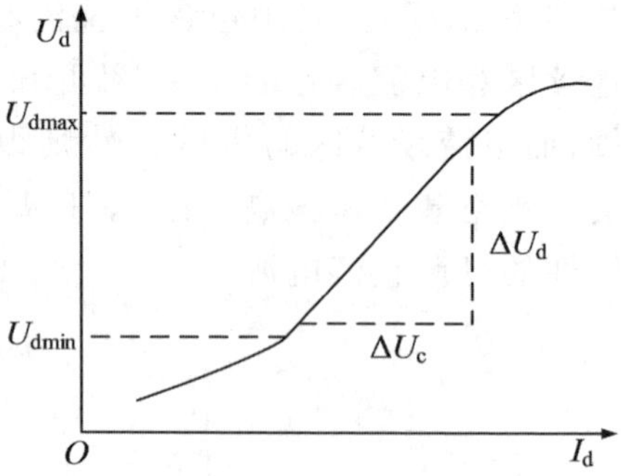

图 2-13　晶闸管触发与整流装置的输入-输出特性

在动态过程中，可把晶闸管触发与整流装置看成一个纯滞后环节，其滞后效应是由晶闸管的失控时间引起的。晶闸管的特点决定了它一旦导通后控制电压的变化在该器件关断前不再起作用，要等到下一个自然换相点以后，当控制电压U_c所对应的下一相触发脉冲来到时才能使输出整流电压U_d发生变化，从而导致整流电压滞后于控制电压。

以单相全波桥式整流电路为例分析上述滞后作用以及滞后时间的大小，如图 2-14 所示。假设在t_1时刻某一对晶闸管被触发导通，触发延迟角为α_1，如果控制电压U_c在t_2时刻发生变化，由U_{c1}下降到U_{c2}，但由于晶闸管已经导通，U_c的变化对它已不起作用。要等过了自然换相点t_3时刻以后，在t_4时刻U_{c2}才能将正在承受正电压的另一对晶闸管导通。在该对晶闸管导通后，原先导通的晶闸管会因受到反向电压而关断。由于平均整流电压的计算周期是从自然换相点开始到下一个自然换相点结束，因此，平均整流电压在t_3时刻从U_{d01}降到U_{d02}。从U_c发生变化的时刻t_2到U_{d0}响应变化的时刻t_3

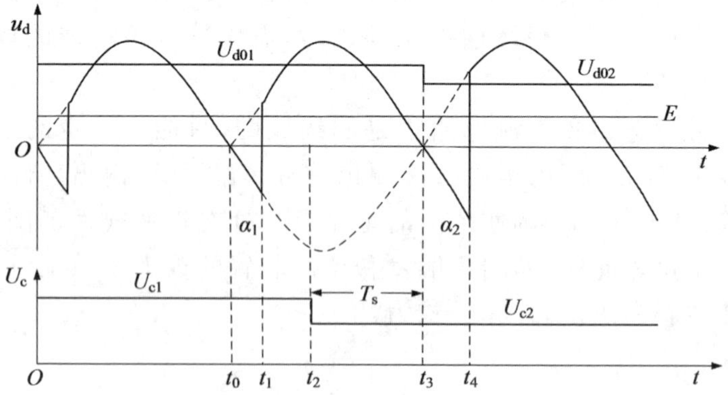

图 2-14　晶闸管触发与整流装置的失控时间

之间，存在一段失控时间 T_s。由于 U_c 发生变化的时刻不确定，故失控时间 T_s 是个随机值。

最大失控时间 T_{smax} 是两个相邻自然换相点之间的时间，它与交流电源频率和晶闸管整流器的类型有关，即：

$$T_{smax}=\frac{1}{mf} \tag{2-10}$$

式中，f——交流电源频率(Hz)；

m——一周内整流电压的脉波数。

在实际计算中一般采用平均失控时间 $T_s=0.5T_{smax}$。如果按最大情况考虑，则取 $T_s=T_{smax}$。表 2-2 列出了不同晶闸管整流器的失控时间。

表 2-2 不同晶闸管整流器的失控时间($f=50$ Hz)

整流电路形式	最大失控时间 T_{smax}/ms	平均失控时间 T_s/ms
单相半波	20	10
单相全波	10	5
三相半波	6.67	3.33
三相全波	3.33	1.67

若用单位阶跃函数 $1(t)$ 表示滞后环节的输入，输出要滞后一定时间 T_s 后才出现响应 $1(t-T_s)$，因此，晶闸管触发与整流装置的输入-输出关系可表示为：

$$U_{d0}=K_sU_c\times 1(t-T_s) \tag{2-11}$$

利用拉普拉斯变换的位移定理，则晶闸管触发与整流装置的传递函数为：

$$W_s(s)=\frac{U_{d0}(s)}{U_c(s)}=K_s e^{-T_s s} \tag{2-12}$$

将式(2-12)按泰勒级数展开，可得：

$$W_s(s)=K_s e^{-T_s s}=\frac{K_s}{e^{T_s s}}=\frac{K_s}{1+T_s s+\frac{1}{2!}T_s^2 s^2+\frac{1}{3!}T_s^3 s^3+\cdots} \tag{2-13}$$

由于滞后时间 T_s 数值较小，根据工程设计方法中的近似处理原则，可忽略分母中的高次项，把整流装置近似为一阶惯性环节，则传递函数可表示为：

$$W_s(s) \approx \frac{K_s}{1 + T_s s} \tag{2-14}$$

晶闸管触发与整流装置的动态结构图如图 2-15 所示。

因此，在电流连续的条件下，可以把晶闸管触发和整流装置当作一阶惯性环节来处理，从而能应用线性控制理论进行分析和系统设计，实现简便实用的调速系统的工程设计。在系统调试时，可根据晶闸管整流器的特性解决具体问题。

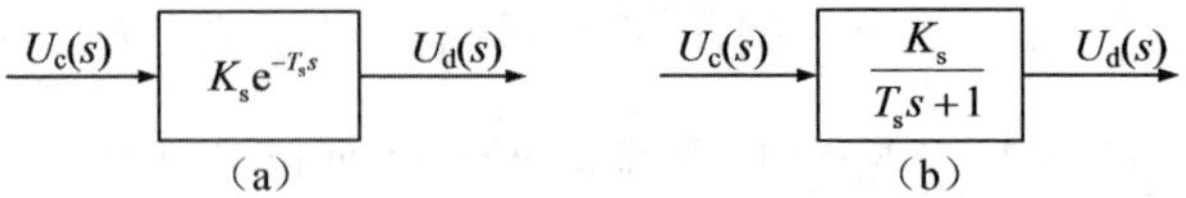

图 2-15 晶闸管触发与整流装置的动态结构图

(a)准确的时滞环节；(b)近似的一阶惯性环节

2.2.5 晶闸管整流器-电动机调速系统的优缺点

晶闸管整流器的功率放大倍数在 10^4 以上，门极电流可以直接用电子控制；响应时间是毫秒级，具有快速地控制作用；运行损耗小、效率高；这些优点使 V-M 调速系统获得了良好的性能。

然而，V-M 调速系统也有其不足之处，具体包括以下几点：

(1)晶闸管的单向导电性，不允许电流反向，给直流电动机的可逆运行带来困难。

(2)晶闸管对过电压、过电流和过高的 du/dt 与 di/dt 都十分敏感，其中任何一项指标超过允许值都可能在很短的时间内损坏晶闸管。

(3)直流电动机在较低速运行时，晶闸管的导通角很小，使得系统的功率因数变差，并在交流侧产生较大的谐波电流，引起电网电压的畸变，被称为“电力公害”。

2.3 直流 PWM 变换器-电动机调速系统

自从全控型电力电子器件问世以后，就出现了采用脉冲宽度调制的高频开关控制方式，形成了直流 PWM（Pulse Width Modulation，脉冲宽度调制）变换器-直流电动机调速系统，简称直流 PWM 调速系统，它现在已逐步取代了 V-M 调速系统。与 V-M 调速系统相比，直流 PWM 调速系统在以下几方面具有较大的优越性：

（1）主电路简单，需要的电力电子器件少；

（2）开关频率高，电流容易连续，谐波少，电动机损耗及发热都较小；

（3）低速性能好，稳速精度高，调速范围宽；

（4）与快速响应电动机配合，系统频带宽，动态响应快，动态抗扰能力强；

（5）电力电子开关器件工作在开关状态，导通损耗小，当开关频率适当时，开关损耗也不大，因而装置效率较高；

（6）直流电源采用不控整流时，电网功率因数比相控整流器高。

因此，直流 PWM 调速系统应用非常广泛，特别在中、小容量的高动态性能系统中，已经完全取代了 V-M 调速系统。

2.3.1　PWM 变换器的工作状态和电压、电流波形

PWM 变换器的作用：利用脉冲宽度调制的方法，把恒定的直流电源电压调制成频率一定、宽度可变的脉冲电压序列，从而可以改变平均输出电压的大小，以调节直流电动机的转速。根据直流电动机能否实现反转，将电动机的能量回馈到电网，PWM 变换器的电路总体上可分为不可逆与可逆两大类。

2.3.1.1　简单不可逆直流 PWM 调速系统

图 2-16 是简单不可逆直流 PWM 调速系统主电路原理图，该电路又称为直流降压斩波器。其中，VT 为全控型电力电子开关器件（如 IGBT、MOSFET），VD 为续流二极管，M 为直流电动机，U_s为直流电源。该调速系统中直流电动机的电枢电压 u_d及其平均电压 U_d、电枢电流 i_d的波形如图 2-17 所示。VT 的门极由脉宽可调的脉冲信号 U_g控制，在一个开关周期 T 内，当 $0 \leqslant t < t_{on}$时，U_g为高电平，VT 饱和导通，直流电压 U_s通过 VT 加到电动机的电枢两端，电流 i_d沿回路 1 流通，此时电枢电压 $u_d = U_s$。当 $t_{on} \leqslant t < T$ 时，U_g为低电平，VT 关断，电枢电路中的电流不能发生突变，通过二

极管 VD沿回路 2 续流，此时直流电动机的电枢电压等于续流二极管 VD 导通压降的负值，为了简便，假设续流二极管 VD 的导通压降为零，故电枢电压 $u_d=0$。

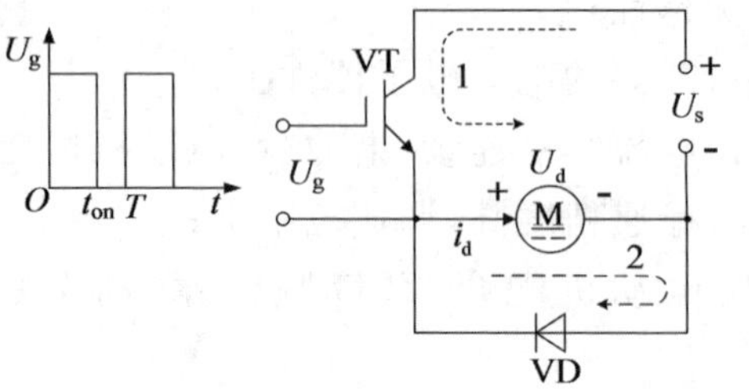

图 2-16 简单不可逆直流 PWM 调速系统主电路原理图

直流电动机电枢两端的平均电压为：

$$U_d=\frac{t_{on}}{T}U_s=\rho U_s \tag{2-15}$$

式中，ρ——脉冲电压 U_g 的占空比（$0\leqslant \rho \leqslant 1$）。

显然，控制占空比 ρ，即可调节直流电动机电枢两端的平均电压，从而实现直流电动机的调压调速。

令 $\gamma=U_d/U_s$ 为 PWM 电压系数，则在不可逆 PWM 变换器中

$$\gamma=\rho \tag{2-16}$$

由于电磁惯性，电枢电流 i_d 的变化幅值比电枢电压 u_d 小，但仍旧是脉动的，其平均值 I_d 等于负载电流 I_{dL}。此外，由于 PWM 变换器的开关频率都很高，故电枢电流的脉动幅值较小，使得直流电动机转速和反电动势受其影响而产生的波动就更小，一般可以忽略不计。因而，直流电动机的反电动势 E 保持不变，其波形为直线。

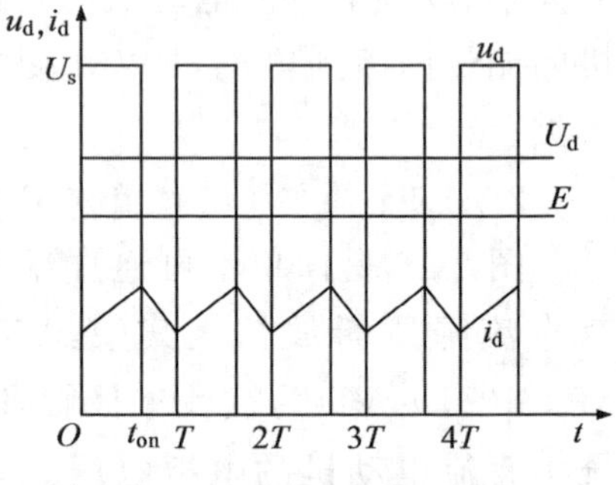

图 2-17 简单不可逆直流 PWM 调速系统的电压和电流波形

2.3.1.2 有制动电流通路的不可逆直流 PWM 调速系统

可逆轧机、龙门刨床等生产机械要求运动控制系统能够实现快速正、反转；开卷机、卷取机等需要快速制动，以提高生产效率。因此，要求调速系统

的电动机不仅输出电动转矩，还能产生与转速反向的制动转矩，这就要求电流能够反向。图 2-16 所示电路不允许直流电动机的电枢电流发生反向，续流二极管 VD 只是在 VT 关断时为 i_d 提供一个续流的通道。如果要实现电动机的制动，必须为其提供反向电流通道。

图 2-18 为带制动电流通路的不可逆直流 PWM 调速系统电路原理图。将图 2-16 中的 VT 和 VD 改为图 2-18 中的 VT_1 和 VD_2，再增加 VT_2 和 VD_1 构成反向电枢电流通路，其中 VT_1 为主管，而 VT_2 为辅助管。VT_1 和 VT_2 的驱动电压大小相等、极性相反，即 $U_{g1}=-U_{g2}$。图 2-18 所示带制动电流通路的不可逆直流 PWM 调速系统有三种工作状态：一般电动状态、制动状态、轻载电动状态，对应的电压和电流波形如图 2-19 所示。

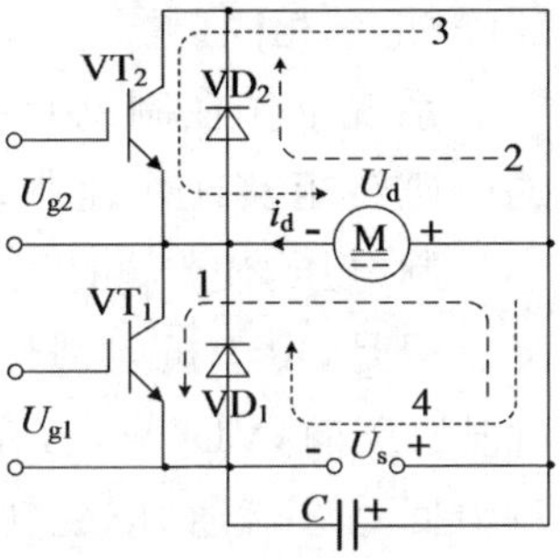

图 2-18　带制动电流通路的不可逆直流 PWM 调速系统电路原理图

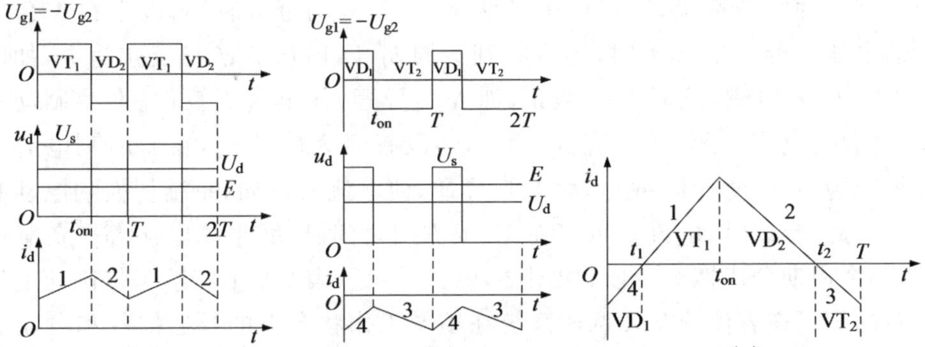

图 2-19　带制动电流通路的不可逆直流 PWM 调速系统的电压和电流波形

(a)一般电动状态的电压和电流波形；(b)制动状态的电压和电流波形；(c)轻载电动状态的电流波形

在一般电动状态中，电流 i_d 始终为正值。设 t_{on} 为 VT_1 的导通时间，则在 $0\leqslant t<t_{on}$ 期间，U_{g1} 为正，VT_1 导通，U_{g2} 为负，VT_2 关断。此时，电源电压 U_s 加到直流电动机的电枢两端，电流 i_d 沿回路 1 流通。在 $t_{on}\leqslant t<T$ 期间，U_{g1} 和 U_{g2} 都改变极性，VT_1 关断，但 VT_2 却不能立即导通，因为 i_d 沿回路 2 经二极管 VD_2 续流，在 VD_2 两端产生的压降给 VT_2 施加反向电压，从而使

VT_2不具备导通的条件。因此，当系统工作在一般电动状态下，实际是由VT_1和VD_2交替导通，而VT_2和VD_1并没有发挥作用。此时，系统的电压和电流波形如图2-19(a)所示，与简单不可逆直流PWM调速系统的波形(图2-17)完全相同。

系统工作在制动状态时，电流i_d为负值，直流电动机利用反向电流产生的电磁转矩实现快速制动，适用于电动机需要快速降速的情况。这时，先减小控制电压，使U_{g1}的正脉冲变窄，负脉冲变宽，从而使平均电枢电压U_d下降。但是，由于机电惯性，转速n和反电动势E基本不变，使得$E>U_d$，电流i_d很快反向，VD_2截止，在$t_{on}\leqslant t<T$期间，U_{g2}为正，于是VT_2导通，反向电流沿回路3流通，电磁转矩T_e与电动机转动方向相反，产生能耗制动作用。在$T\leqslant t<T+t_{on}$(即下一周期的$0\leqslant t<t_{on}$)期间，VT_2关断，电流i_d沿回路4经VD_1续流，向电源回馈能量。与此同时，VD_1的压降给VT_1施加反向电压，使它不能导通。在制动状态中，VT_2和VD_1轮流导通，而VT_1和VD_2始终关断，系统的电压和电流波形如图2-19(b)所示。

有一种特殊情况，即轻载电动状态，这时平均电流较小，以致在VT_1关断后电流i_d经VD_2续流时，还没有到达周期T，电流i_d已经衰减为零，如图2-19(c)中t_2时刻，此时VD_2截止，而VT_2导通，使电流i_d反向，产生制动作用。同理，电流i_d经VD_1续流制动时，还没有到达时间t_{on}，在t_1时刻电流i_d即衰减为零，此时VD_1截止，而VT_1导通，使电流i_d反向，系统切换到电动状态。因此，轻载时，电流i_d可以在正、反方向之间脉动，平均电流等于负载电流，一个周期分成四个阶段，如图2-19(c)所示。表2-3中归纳了带制动电流通路的不可逆直流PWM调速系统在不同工作状态下的导通器件和电流i_d的回路与方向。

表2-3 带制动回路不可逆直流PWM调速系统在不同工作状态下的导通器件和电流回路

分类		$0\sim t_{on}$		$t_{on}\sim T$	
		$0\sim t_1$	$t_1\sim t_{on}$	$t_{on}\sim t_2$	$t_2\sim T$
一般电动状态	导通器件	VT_1		VD_2	
	电流回路	1		2	
	电流方向	正		正	

续表2-3

分类		$0\sim t_{on}$		$t_{on}\sim T$	
		$0\sim t_1$	$t_1\sim t_{on}$	$t_{on}\sim t_2$	$t_2\sim T$
制动状态	导通器件	VD_1		VT_2	
	电流回路	4		3	
	电流方向	反		反	
轻载电动状态	导通器件	VD_1	VT_1	VD_2	VT_2
	电流回路	4	1	2	3
	电流方向	反	正	正	反

2.3.1.3 可逆直流 PWM 调速系统

图 2-18 所示电路之所以为不可逆是因为平均电压 U_d 始终大于零，电流虽然能够反向，而电压和转速仍不能反向。如果要求转速反向，需要再增加 VT 和 VD，改变 PWM 变换器输出电压的正、负极性，使得直流电动机可以在四象限中运行，由此构成可逆的 PWM 变换器-直流电动机调速系统。

可逆直流 PWM 调速系统主电路有多种形式，最常用的是桥式（亦称"H"桥）电路，如图 2-20 所示，直流电动机的电枢电压 U_{AB} 极性随全控型电力电子器件的开关状态而改变。可逆直流 PWM 变换器的控制方式有双极式、单极式、受限单极式，在此仅分析最常用的双极式控制的可逆直流 PWM 变换器。

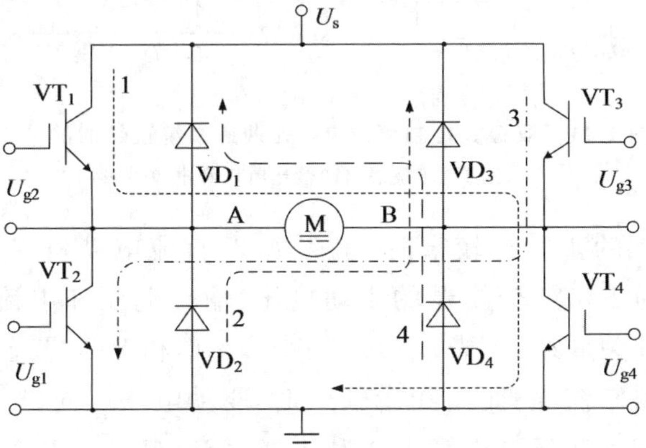

图 2-20 桥式可逆直流 PWM 调速系统电路

双极式控制可逆 PWM 调速系统的四个驱动电压波形如图 2-21(a)所示，它们的关系是：$U_{g1}=U_{g4}=-U_{g2}=-U_{g3}$。而直流电动机电枢电压的平均值体现在驱动电压正、负脉冲的宽度上。当正脉冲较宽时，$t_{on}>T/2$，则 U_{AB}的平均值为正，电动机正转；反之，当正脉冲较窄时，$t_{on}<T/2$，则 U_{AB}的平均值为负，电动机反转。若正、负脉冲宽度相等，即 $t_{on}=T/2$，则 U_{AB}的平均值为零，电动机停止。

当驱动电压的正脉冲较宽时，$t_{on}>T/2$，直流电动机工作在正转状态，双极式控制可逆 PWM 调速系统的驱动电压、输出电压和电流波形如图 2-21 所示。在一个开关周期内，当 $0\leqslant t<t_{on}$时，VT_1 和 VT_4 导通，$U_{AB}=U_s$，电枢电流 i_d沿回路 1 流通；当 $t_{on}\leqslant t<T$ 时，驱动电压反向，VT_1 和 VT_4 截止，电枢电流 i_d沿回路 2 经二极管 VD_2 和 VD_3 续流，$U_{AB}=-U_s$。由图 2-21(b)可知，U_{AB}在一个周期内具有正负相间的脉冲波形，且其平均值为正，而电枢电流 i_d一直都是正向的。

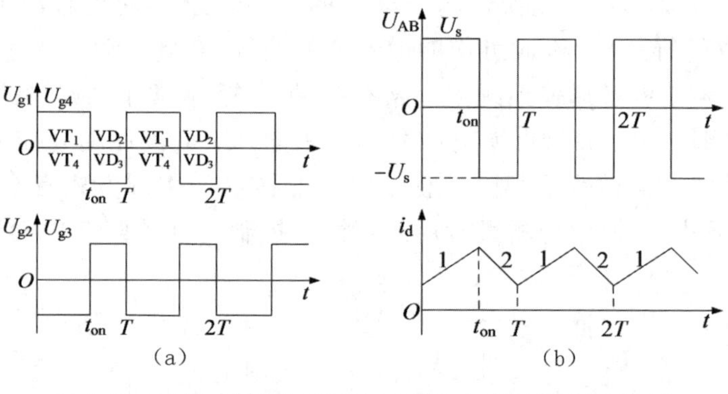

图 2-21 双极式控制可逆 PWM 调速系统正转时的波形

(a)驱动电压波形；(b)输出电压和电流波形

当驱动电压的正脉冲较窄时，$t_{on}<T/2$，直流电动机工作在反转状态，双极式控制可逆 PWM 变换器的驱动电压、输出电压和电流波形如图 2-22 所示。在一个开关周期内，当 $t_{on}\leqslant t<T$ 时，VT_2和 VT_3导通，$U_{AB}=-U_s$，电枢电流 i_d沿回路 3 流通；而当 $0\leqslant t<t_{on}$时，驱动电压反向，VT_2和 VT_3 截止，电枢电流 i_d沿回路 4 经二极管 VD_1和 VD_4 续流，$U_{AB}=U_s$。由图 2-22(b)可知，在该过程中，电枢电流 i_d一直是反方向的，而且电枢电压 U_{AB}的平均值也

为负值。

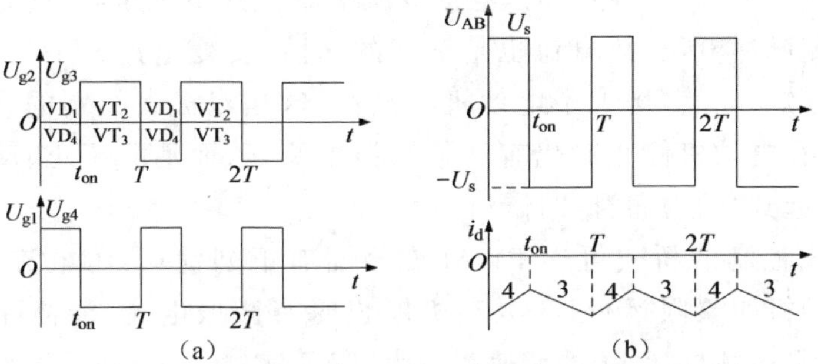

图 2-22　双极式控制可逆 PWM 调速系统反转时的波形

(a)驱动电压波形;(b)输出电压和电流波形

直流电动机的电枢电压 U_{AB} 的正、负变化,使电流波形随之波动。电流波形存在两种情况,如图 2-23 中的 i_{d1} 和 i_{d2}。i_{d1} 相当于电动机的负载较重,这时负载电流大,在续流阶段电流仍维持正方向,电动机始终工作在正转电动状态。i_{d2} 相当于负载很轻的情况,平均电流小,在续流阶段电流很快衰减为零,于是续流二极管 VD_2 和 VD_3 截止,而反向开关器件 VT_2 和 VT_3 导通,电枢电流反向,电动机处于制动状态。电流 i_{d2} 中的线段 3 和 4 是工作在正转制动状态。电枢电流的方向决定了电流是经过续流二极管 VD 还是经过开关器件 VT 流动。

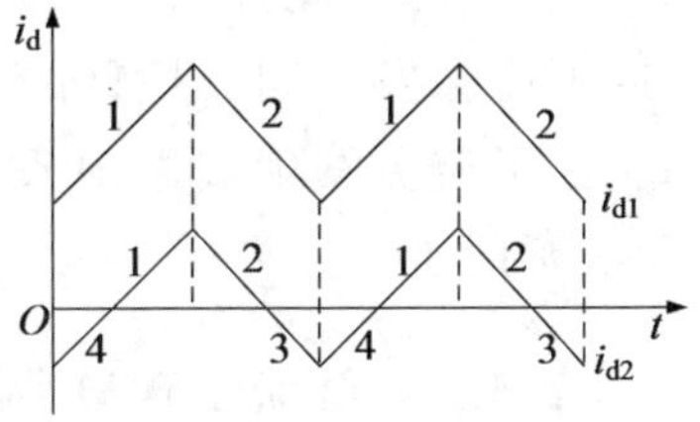

图 2-23　双极式控制可逆 PWM 变换器不同负载的电流波形

双极式控制可逆 PWM 变换器的输出平均电压为:

$$U_d = \frac{t_{on}}{T}U_s - \frac{T - t_{on}}{T}U_s = \left(\frac{2t_{on}}{T} - 1\right)U_s \tag{2-17}$$

若占空比 ρ 和电压系数 γ 的定义与不可逆 PWM 变换器中相同,则在双极式控制的可逆 PWM 变换器中

$$\gamma = 2\rho - 1 \tag{2-18}$$

显然,与不可逆 PWM 变换器中的式(2-16)不一样。

调速时,ρ 的可调范围为 0~1,则 γ 的范围为 −1~1。因此,当 $\rho > 0.5$ 时,

γ为正，电动机正转；当$\rho<0.5$时，γ为负，电动机反转；当$\rho=0.5$时，$\gamma=0$，电动机停止。但电动机停止时，电枢电压瞬时值并不等于零，而是正负脉宽相等的交变脉冲电压，故电流也是交变的，且该交变电流的平均值为零，不产生平均转矩，显然，增大了电动机的损耗，这是双极式控制的缺点。但它也有好处，在电动机停止时仍有高频微振电流，从而消除了正、反向时的静摩擦死区，起到“动力润滑”的作用。

双极式控制的桥式可逆 PWM 变换器有下列优点：①电流一定连续；②可使电动机四象限运行；③电动机停止时有微振电流，能消除静摩擦死区；④低速平稳性好，系统的调速范围大；⑤低速时，每个开关器件的驱动脉冲仍较宽，有利于保证器件的可靠导通。

双极式控制方式的不足之处是：在工作过程中，四个开关器件可能都处于开关状态，开关损耗大，因此，可采用单极式控制，使部分器件处于常开或常断状态，以减少开关次数和开关损耗，提高可靠性，但系统的静、动态性能会略有下降。此外，在由 VT_1、VT_4 导通切换到 VT_2、VT_3 导通或反向切换时，可能会发生同一桥臂的上、下开关管同时导通而导致直流电源短路。因此，为了避免发生直通现象，必须在上、下桥臂的驱动脉冲之间设置合适的死区延时。

2.3.2 直流 PWM 调速系统的机械特性

由于采用了脉宽调制，严格来说，即使在稳态情况下，直流 PWM 调速系统的转矩和转速也都是脉动的。所谓稳态，是指电动机的平均电磁转矩与负载转矩相平衡的状态，机械特性是平均转速与平均转矩（电流）的关系。在中、小容量的直流 PWM 调速系统中，IGBT 已经得到普遍的应用，其开关频率一般在 10 kHz 以上，这时，最大电流脉动量在额定电流的 5%，转速脉动量不到额定空载转速的万分之一，可以忽略不计。

采用不同形式的 PWM 变换器，调速系统的机械特性也不一样，其关键之处在于电流波形是否连续。对于带制动电流通路的不可逆 PWM 变换器电路，电流方向可逆，无论是重载还是轻载，电流波形都是连续的，因而机械特性关系式比较简单，下面就以这种情况为例进行分析。

图 2-18 所示带制动电流通路的不可逆直流 PWM 调速系统的电路，根

据开关器件的工作状态，可将其电压方程分为两个阶段：

$$U_s = Ri_d + L\frac{di_d}{dt} + E \quad (0 \leqslant t < t_{on}) \tag{2-19}$$

$$0 = Ri_d + L\frac{di_d}{dt} + E \quad (t_{on} \leqslant t < T) \tag{2-20}$$

式中，R、L——电枢电路的电阻和电感。

根据电压方程求一个周期内的平均值，即可推导出机械特性方程式。电枢电压在一个周期内的平均电压为 $U_d = \gamma U_s$。平均电流和平均转矩分别用 I_d、T_e 表示，平均转速 $n = E/C_e$，而电枢电感压降 $L di_d/dt$ 的平均值在稳态时为零。因此，由式(2-19)和式(2-20)可得平均电压方程为：

$$\gamma U_s = RI_d + E = RI_d + C_e n \tag{2-21}$$

由式(2-21)可得机械特性方程式为：

$$n = \frac{\gamma U_s}{C_e} - \frac{R}{C_e}I_d = n_0 - \frac{R}{C_e}I_d \tag{2-22}$$

将 $I_d = T_e/C_m$ 代入式(2-22)，可得由平均转矩表示的机械特性方程式为：

$$n = \frac{\gamma U_s}{C_e} - \frac{R}{C_e C_m}T_e = n_0 - \frac{R}{C_e C_m}T_e \tag{2-23}$$

式中，C_m——电动机在额定磁通下的转矩系数，$C_m = K_m \varphi_N$；

n_0——理想空载转速，与电压系数 γ 成正比，$n_0 = \frac{\gamma U_s}{C_e}$。

对于带制动电流通路的不可逆PWM变换器电路，$0 \leqslant \gamma \leqslant 1$，可得如图2-24所示的机械特性，位于第一、二象限。

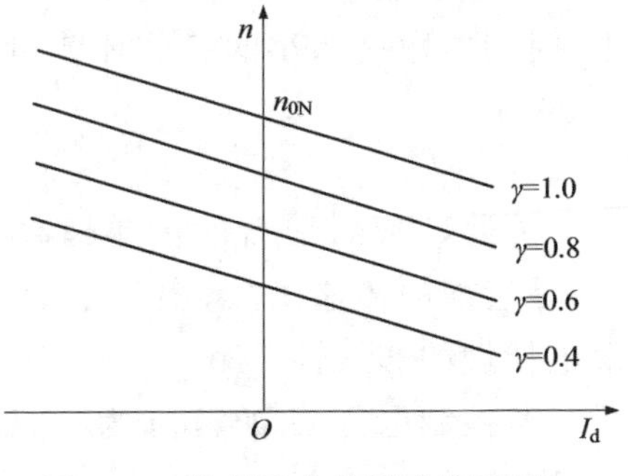

图 2-24　带制动电流通路的不可逆直流 PWM 调速系统的机械特性

对于电动机在同一方向转动时电流不能反向的电路，轻载时会出现电流断续现象，平均电压方程式(2-21)便不成立，机械特性方程也要复杂得多。在理想空载时，$I_d = 0$，理想空载转速会翘到 $n_{0s} = U_s/C_e$，类似于 V-M 调速系统在电流断续区的机械特性，是一段非线性的曲线。而当负载大到一定程度时，电流开始连续，才具有式(2-22)或式(2-23)的线性机械特性。

2.3.3 PWM 控制器与变换器的动态数学模型

无论哪种 PWM 变换器电路，其驱动电压都由 PWM 控制器输出，而 PWM 控制器可以是模拟式的，也可以是数字式的。图 2-25 是 PWM 控制器与变换器框图。

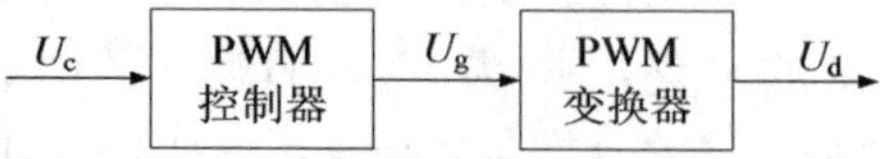

图 2-25 PWM 控制器与变换器框图

PWM 控制器与变换器的动态数学模型和晶闸管触发与整流装置基本一致。根据上述对 PWM 变换器工作原理和波形的分析，不难看出，当控制电压 U_c 改变时，PWM 变换器输出平均电压 U_d 按线性规律变化，但其响应会有延迟，最大的时延是一个开关周期 T。因此，PWM 控制器与变换器(以下简称“PWM 装置”)也可以看成一个滞后环节，其传递函数可以写成：

$$W_s(s)=\frac{U_d(s)}{U_c(s)}=K_s e^{-T_s s} \tag{2-24}$$

式中，K_s——PWM 装置的放大系数；

T_s——PWM 装置的延迟时间，$T_s \leqslant T$。

当开关频率为 10 kHz 时，$T=0.1$ ms，在一般的电力拖动自动控制系统中，时间常数这么小的滞后环节可以近似为一阶惯性环节，其传递函数为：

$$W_s(s) \approx \frac{K_s}{T_s s+1} \tag{2-25}$$

因此，PWM 装置的传递函数与晶闸管装置完全一致。但需注意，式(2-25)是近似的传递函数，实际上 PWM 变换器不是一个线性环节，而是具有继电特性的非线性环节。

若控制电压 U_c 的范围为 $[0, U_{cmax}]$，其对应的 $\rho=\gamma$，且取值范围为 $[0,1]$，则有：

$$\gamma=\rho=\frac{U_c}{U_{cmax}} \tag{2-26}$$

对于不可逆 PWM 变换器，将式(2-26)代入 PWM 电压系数的表达式

$\gamma=U_d/U_s$，可得：

$$U_d=\frac{U_c U_s}{U_{cmax}} \tag{2-27}$$

于是，由式(2-27)变换可得：

$$K_s=\frac{U_d}{U_c}=\frac{U_s}{U_{cmax}} \tag{2-28}$$

式(2-28)即为不可逆 PWM 变换器的电压系数 K_s 的计算表达式。

2.3.4 直流 PWM 调速系统的电能回馈和泵升电压

带制动电流通路的不可逆直流 PWM 调速系统电路原理如图 2-18 所示，图中有四条电流回路，其中回路 4 是反向的制动电流经过二极管 VD_1 续流，此时的反电动势 E 大于直流电动机的电枢电压 U_d，电动机工作在回馈制动状态。PWM 变换器的直流电源通常由交流电源经不可控的二极管整流器产生，并通过大电容 C 滤波，从而获得恒定的直流电源 U_s，如图 2-26 所示。当电动机工作在回馈制动状态时，将动能变为电能回馈给直流电源，但由于二极管整流器的单向导电性，电能不可能通过整流装置送回交流电网，只能向滤波电容 C 充电，这就是直流 PWM 变换器-电动机调速系统特有的电能回馈问题。对滤波电容 C 充电使得直流侧电压升高，称为"泵升电压"。

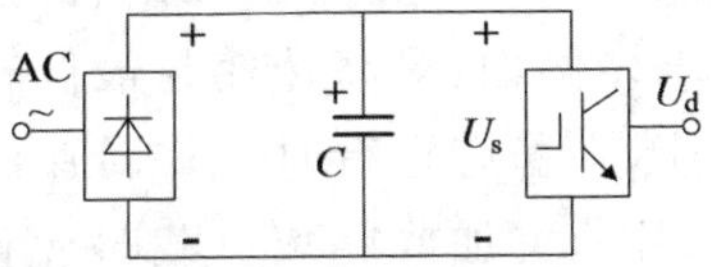

图 2-26 直流 PWM 调速系统整流滤波原理图

系统在制动时释放的动能将表现为电容储能的增加，所以要适当地选择电容的电容量，或采取其他措施，以保护电力电子开关器件不被泵升电压击穿。过高的泵升电压将超过电力电子器件的耐压限制值，因此电容量不能太小，一般几千瓦的调速系统需要几千微法的电容。

对于需要快速制动的大容量或大惯量的系统，不可能只靠电容器来限制泵升电压，而应当采取其他措施限制泵升电压。图 2-27 为泵升电压保护电路，当回馈制动产生的泵升电压对电容 C 充电导致其电压超过开关器件 VT_b 的门极控制电压时，VT_b 导通，使得部分回馈制动的能量通过电阻 R_b 消耗掉，从而降低电容 C 上的泵升电压，起到一定的保护作用。此外，为了提高效率，还可以在二极管整流器输出端并接逆变器，把多余的能量逆变后回馈电网。

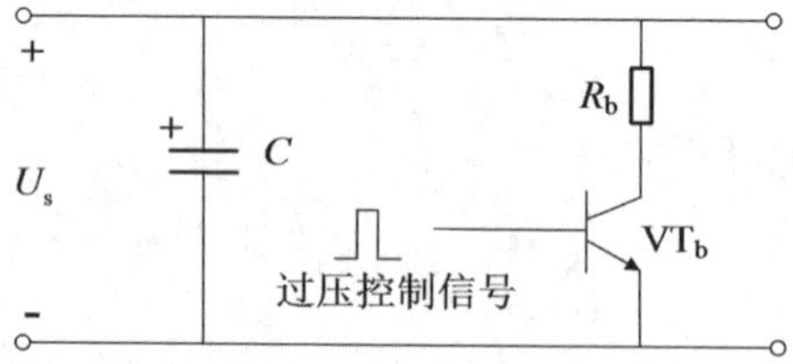

图 2-27 直流 PWM 调速系统泵升电压保护电路

2.4 稳态调速性能指标和直流调速系统的机械特性

2.4.1 转速控制的要求和稳态调速性能指标

任何一台需要控制转速的设备,其生产工艺对调速性能都有一定的要求。例如,最高转速与最低转速之间的范围有多大,是有级调速还是无级调速,在稳态运行时允许转速波动的大小,从正转运行切换到反转运行的时间间隔,突加或突减负载时允许的转速波动,运行停止时要求的定位精度等。归纳起来,对于直流调速系统转速控制的要求主要包括以下 3 个方面:

(1)调速:在一定的最高转速和最低转速范围内,分挡(有级)或平滑(无级)调节转速。

(2)稳速:以一定的精度在所需转速上稳定运行,在各种干扰下不允许有过大的转速波动,以确保产品质量。

(3)加、减速:频繁起动、制动的设备要求加速、减速尽量快,以提高生产效率;不宜经受剧烈速度变化的机械则要求起动、制动尽量平稳。

为了进行定量的分析,可以针对前两项要求定义两个调速指标,称为“调速范围”和“静差率”。这两个指标合称调速系统的稳态性能指标。

2.4.1.1 调速范围

生产机械要求电动机提供的最高转速 n_{max} 与最低转速 n_{min} 之比称为调速范围 D,其表达式为:

$$D=\frac{n_{max}}{n_{min}} \tag{2-29}$$

式中，n_{max}、n_{min}——电动机在额定负载时的最高转速和最低转速。

对于负载较轻的生产机械，例如精密磨床，可以采用实际负载时的最高转速和最低转速代替。D 的值越大，表示系统的调速范围越宽，稳态性能越好。

2.4.1.2 静差率

当调速系统在某一转速下运行时，由理想空载增加到额定负载所对应的转速降落 Δn_N 与理想空载转速 n_0 之比，称为静差率 s，即：

$$s=\frac{\Delta n_N}{n_0} \tag{2-30}$$

或用百分数表示：

$$s=\frac{\Delta n_N}{n_0}\times 100\% \tag{2-31}$$

显然，静差率用于衡量调速系统在负载变化下转速的稳定度。它和机械特性的硬度有关，特性越硬，静差率越小，转速的稳定度则越高。

然而，静差率与机械特性硬度还是有区别的。硬度是指机械特性的斜率，一般变压调速系统在不同转速下的机械特性是互相平行的，如图 2-28 中的特性 A 和 B，二者的硬度相同，额定速降 $\Delta n_{NA}=\Delta n_{NB}$，但它们的静差率不同，因为理想空载转速不一样。根据式(2-30)的定义，由于 $n_{0A}>n_{0B}$，所以 $s_A<s_B$。由此可知，对于同样硬度的特性，理想空载转速越低，静差率越大，转速的相对稳定度也就越差。例如，若调速系统的理想空载转速 n_0 为 1 200 r/min，转速降落 Δn 为 12 r/min，此时静差率 s 为 1%。当转速降落 Δn 保持 12 r/min 不变时，若理想空载转速 n_0 为 120 r/min，则对应的静差率 s 为 10%；如果 n_0 只有 12 r/min，则静差率 s 是 100%，此时电动机已经停止转动了。

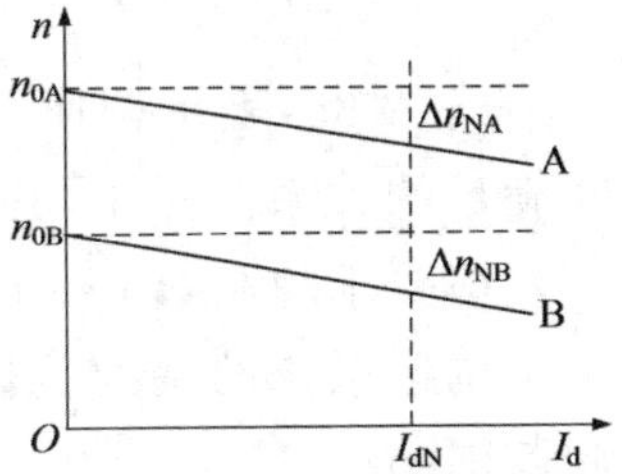

图 2-28 不同转速下的静差率

综上可知，调速范围和静差率这两项指标并不是彼此孤立的，必须同时使用才有意义。在调速过程中，若额定转速降落相同，则转速越低时，静差率越大。显然，如果低速时的静差率能满足设计要求，则高速时的静差率就更满足要求了。因此，调速系统的静差率指标应以最低速时所能达到的数值为准。

2.4.1.3 调速范围、静差率和额定速降之间的关系

一般以电动机的额定转速 n_N 作为最高转速，若额定负载下的转速降落为 Δn_N，则按照上面分析的结果，该系统的静差率应该是最低速时的静差率，即：

$$s=\frac{\Delta n_N}{n_{0\min}}=\frac{\Delta n_N}{n_{\min}+\Delta n_N} \tag{2-32}$$

于是，最低转速 $n_{\min}$ 可表示为：

$$n_{\min}=\frac{\Delta n_N}{s}-\Delta n_N=\frac{(1-s)\Delta n_N}{s} \tag{2-33}$$

而调速范围 D 为：

$$D=\frac{n_{\max}}{n_{\min}}=\frac{n_N}{n_{\min}} \tag{2-34}$$

将式(2-33)代入式(2-34)，可得：

$$D=\frac{n_N s}{\Delta n_N(1-s)} \tag{2-35}$$

式(2-35)表示调速系统的调速范围 D、静差率 s 和额定转速降落 Δn_N 之间满足的关系。对于同一个调速系统，Δn_N 值一定，由式(2-35)可知，如果对静差率要求越高，即 s 值越小，系统能够达到的调速范围 D 也越小。因此，一个调速系统的调速范围，是指转速在最低速时还能满足所需静差率的可调范围。

[例题 2-1] 某直流调速系统电动机额定转速 $n_N=1\ 430$ r/min，额定速降 $\Delta n_N=115$ r/min，当要求静差率 $s\leqslant 30\%$ 时，允许多大的调速范围？如果要求静差率 $s\leqslant 20\%$，则调速范围 D 是多少？如果希望调速范围 D 达到 10，所能满足的静差率 s 是多少？

解 在要求 $s\leqslant 30\%$ 时，允许的调速范围 D 为：

$$D=\frac{n_N s}{\Delta n_N(1-s)}=\frac{1\ 430\times 0.3}{115\times(1-0.3)}\approx 5.3$$

若要求 $s\leqslant 20\%$，则允许的调速范围 D 为：

$$D=\frac{n_N s}{\Delta n_N(1-s)}=\frac{1\ 430\times 0.2}{115\times(1-0.2)}\approx 3.1$$

若调速范围 D 达到 10，则静差率 s 为：

$$s=\frac{D\Delta n_N}{n_N+D\Delta n_N}=\frac{10\times 115}{1\,430+10\times 115}\approx 0.446=44.6\%$$

2.4.2　直流调速系统的机械特性

无论是晶闸管整流器-电动机调速系统，还是直流 PWM 变换器-电动机调速系统，都属于开环调速系统，即无反馈控制的直流调速系统，调节控制电压 U_c 就可以改变电动机的转速。晶闸管整流器和 PWM 变换器都是可控的直流电源，它们输入的是交流电压，输出的是可控的直流电压 U_d，用 UPE 来统一表示可控直流电源，则开环直流调速系统的结构原理图如图 2-29 所示。

下面分析开环直流调速系统的机械特性，以确定它们的稳态性能指标。为了突出主要矛盾，先进行如下假定：

(1)忽略各种非线性因素，假定系统中各环节的输入-输出关系都是线性的，或者只取其线性工作段；

(2)忽略控制电源和电位器的内阻。

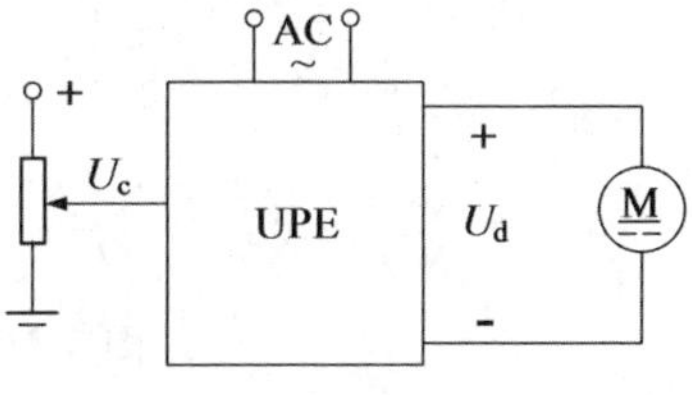

图 2-29　开环直流调速系统的结构原理图

开环直流调速系统中各环节的稳态关系如下：

电力电子变换器

$$U_{d0}=K_sU_c \tag{2-36}$$

直流电动机

$$n=\frac{U_{d0}-I_dR}{C_e} \tag{2-37}$$

将式(2-36)代入式(2-37)可得开环直流调速系统的机械特性为：

$$n=\frac{U_{d0}-I_dR}{C_e}=\frac{K_sU_c}{C_e}-\frac{I_dR}{C_e} \tag{2-38}$$

根据式(2-38)可得开环直流调速系统的稳态结构图，如图 2-30 所示。

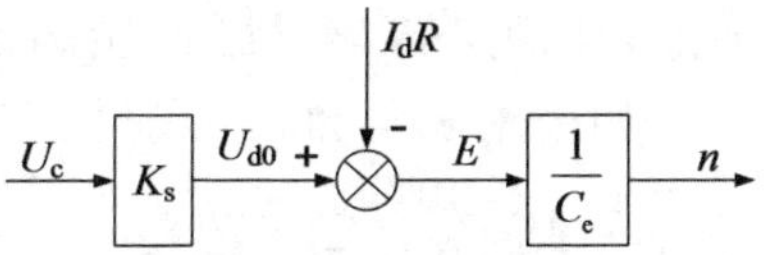

图 2-30　开环直流调速系统的稳态结构图

由于给定电压 U_c 可以线性平滑地调节，所以 UPE 的输出电压 U_{d0} 也平滑可调，故能实现直流电动机的平滑调速。若不考虑 UPE 装置在电动势负载下引起的轻载工作电流断续现象时，随着给定电压 U_c 的不同，可获得一组平行的机械特性曲线，如图 2-31 所示，其中直流电动机在额定电压和额定励磁下的机械特性称作电动机固有机械特性。可以看出，这些机械特性都有较大的转速降落 Δn_N，制约了开环直流调速系统的调速范围 D 和静差率 s。

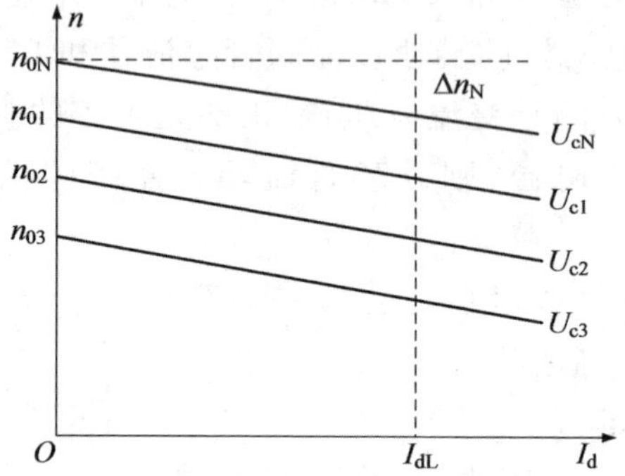

图 2-31 开环直流调速系统的机械特性

［**例题 2-2**］某龙门刨床工作台拖动采用直流电动机，其额定数据如下：60 kW，220 V，305 A，1 000 r/min，采用 V-M 系统，主电路总电阻 $R=0.18\ \Omega$，电动机电动势系数 $C_e=0.2\ \text{V}\cdot\text{min/r}$。如果要求调速范围 $D=20$，静差率 $s\leqslant 5\%$，采用开环直流调速能否满足？若要满足这个要求，系统的额定速降 Δn_N 最多能有多少？

解 当电流连续时，V-M 系统的额定速降为：

$$\Delta n_N=\frac{I_{dN}R}{C_e}=\frac{305\times 0.18}{0.2}\approx 275(\text{r/min})$$

开环调速系统在额定转速时的静差率为：

$$s_N=\frac{\Delta n_N}{n_N+\Delta n_N}=\frac{275}{1\ 000+275}\approx 0.216=21.6\%$$

显然，在额定转速时已不能满足 $s\leqslant 5\%$ 的要求，最低速时就更不能满足。

如要求 $D=20$，$s\leqslant 5\%$，即要求：

$$\Delta n_N=\frac{n_N s}{D(1-s)}\leqslant\frac{1\ 000\times 0.05}{20\times(1-0.05)}\approx 2.63(\text{r/min})$$

可见，开环直流调速系统的额定转速降落太大，无法满足 $D=20$，$s\leqslant 5\%$

的要求，采用转速反馈控制的直流调速系统将是解决此类问题的一种方法。

2.5 转速反馈控制的直流调速系统

2.5.1 转速反馈控制直流调速系统的数学模型

调速范围和静差率是一对互相制约的性能指标，如果既要提高调速范围，又要降低静差率，唯一的办法是减少负载所引起的转速降落 Δn_N。但是在转速开环的直流调速系统中，$\Delta n_N = RI_N/C_e$ 是由直流电动机的参数决定的，无法改变。解决该问题的有效途径是引入反馈控制，构成转速闭环的控制系统。转速闭环控制可以减小转速降落，降低静差率，扩大调速范围。

根据自动控制原理，将系统的被调节量作为反馈量引入系统，与给定量进行比较，用比较后的偏差值对系统进行控制，可以有效地抑制甚至消除扰动造成的影响，从而保持被调节量变化很小或不变，这就是反馈控制的基本作用。在负反馈基础上的"检测误差，用以纠正误差"这一原理组成的系统，其输出量反馈的传递途径构成一个闭合的环路，因此被称作闭环控制系统，如图 2-32 所示。对于直流调速系统，被调节量是转速，因此，所构成的是转速反馈控制的直流调速系统。

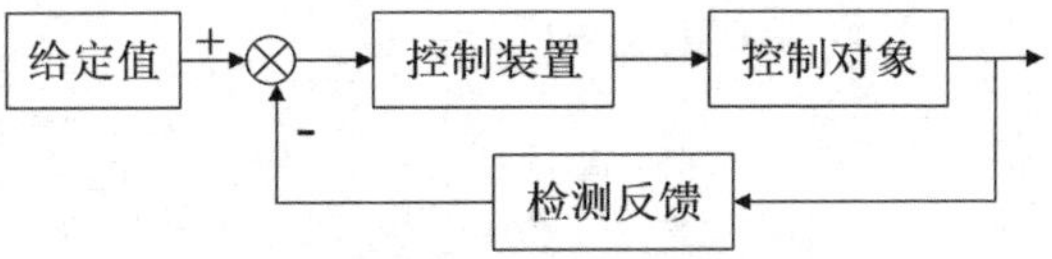

图 2-32 闭环控制系统结构框图

2.5.1.1 转速反馈控制直流调速系统的静特性

图 2-33 是转速反馈控制的直流调速系统原理图，被调量是转速 n，给定量是给定电压 U_n^*，在电动机转轴上安装测速发电机用以得到与被测转速 n 成正比的反馈电压 U_n。U_n^* 与 U_n 比较后，得到转速偏差电压 ΔU_n，经过比例调节器 P（或比例放大器），输出电力电子变换器 UPE 所需的控制电压 U_c。从 U_c 开始一直到直流电动机，系统的结构与开环调速系统相同，而闭环控制系统和开环控制系统的主要差别在于转速经过测量传感器反馈到输入

端，求得偏差用于控制。

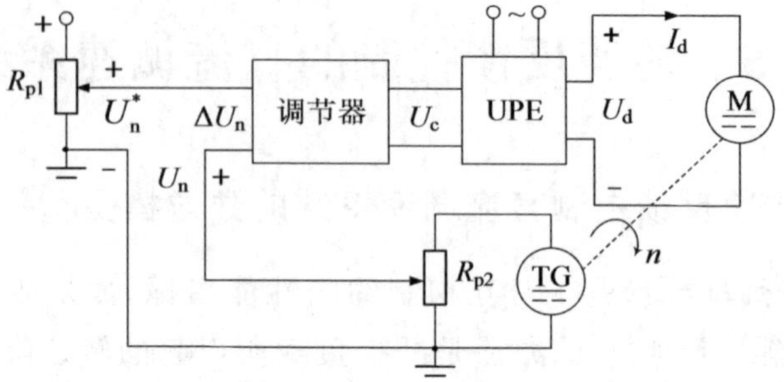

图 2-33 转速反馈控制的直流调速系统原理图

在分析开环调速系统的机械特性时，已经得到其中各环节的稳态关系如下：

电力电子变换器 UPE

$$U_{d0}=K_sU_c$$

直流电动机

$$n=\frac{U_{d0}-I_dR}{C_e}$$

在图 2-33 所示的闭环调速系统中增加了以下环节：

电压比较环节

$$\Delta U_n=U_n^*-U_n$$

比例调节器

$$U_c=K_p\Delta U_n$$

测速反馈环节

$$U_n=\alpha n$$

式中，K_p——比例调节器的比例放大系数；

α——转速反馈系数(V·min/r)。

由上述关系式消去中间变量并整理后，可得转速反馈控制直流调速系统的静特性方程式：

$$n=\frac{K_pK_sU_n^*-I_dR}{C_e(1+K_pK_s\alpha/C_e)}=\frac{K_pK_sU_n^*}{C_e(1+K)}-\frac{I_dR}{C_e(1+K)} \tag{2-39}$$

式中，K——闭环系统的开环放大系数，其表达式为：

$$K=\frac{K_{p}K_{s}\alpha}{C_{e}} \tag{2-40}$$

它相当于在转速采样电位器的输出端把反馈回路断开，从放大器输入端到转速采样电位器输出端之间各环节放大系数的乘积。

闭环调速系统的静特性表示闭环调速系统中电动机转速与负载电流(或转矩)之间的稳态关系，它在形式上与开环调速系统的机械特性相似，但本质上却有很大不同，故命名为“静特性”以示区别。

根据各环节的稳态关系式可以画出闭环直流调速系统稳态结构框图，如图 2-34(a)所示，图中各方框内的变量代表该环节的放大系数。利用结构框图运算法则同样可以推导出式(2-39)所示的静特性方程式，方法如下：将给定量 U_n^* 和扰动量 $-I_dR$ 看成两个独立的输入量，并按它们分别作用下求出系统的输出与输入关系式，如图 2-34(b)、图 2-34(c)，由于已假设系统是线性的，故把二者叠加起来，即可得到系统的静特性方程式。

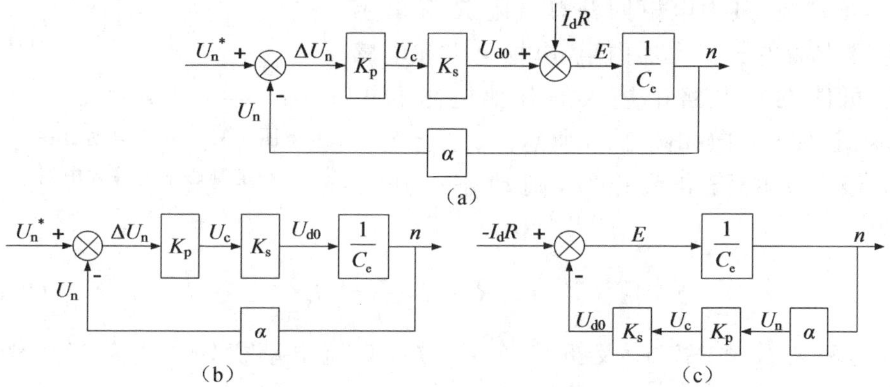

图 2-34　转速负反馈闭环直流调速系统稳态结构框图

(a)闭环调速系统；(b)只考虑给定量 U_n^* 作用的闭环系统；(c)只考虑扰动量 $-I_dR$ 作用的闭环系统

2.5.1.2　转速反馈控制直流调速系统的动态数学模型

一个带有储能环节的线性物理系统的动态过程可以用线性微分方程描述，微分方程的解即系统的动态过程，它包括两部分：动态响应和稳态解。在动态过程中，从施加给定输入值的时刻开始，到输出达到稳态值以前，是系统的动态响应；系统达到稳态后，即可用稳态解来描述系统的稳态特性。

2.5.1.1 节介绍的转速反馈控制直流调速系统的静特性反映了直流电动

机转速与负载电流(或转矩)的稳态关系，它是运动方程的稳态解。

如果要分析系统的动态性能，需求出动态响应，为此，必须先建立描述系统动态物理规律的数学模型。

以图 2-33 所示转速反馈控制的直流调速系统为例，建立其动态数学模型，必须先求得其中各环节的传递函数。构成该系统的功率主电路是晶闸管触发与整流装置或 PWM 控制器与变换器等电力电子变换器和直流电动机。前文已经给出了这两种电力电子变换器的传递函数，它们的近似传递函数表达式相同，即：

$$W_s(s) \approx \frac{K_s}{T_s s + 1} \tag{2-41}$$

然而，它们的区别体现在参数 K_s 和 T_s 的取值不同。

直流电动机在额定励磁下的等效电路如图 2-35 所示，其中电枢回路总电阻 R 和电感 L 包含电力电子变换器内阻、电枢电阻和电感以及可能在主电路中接入的其他电阻和电感，规定的正方向如图 2-35 所示。

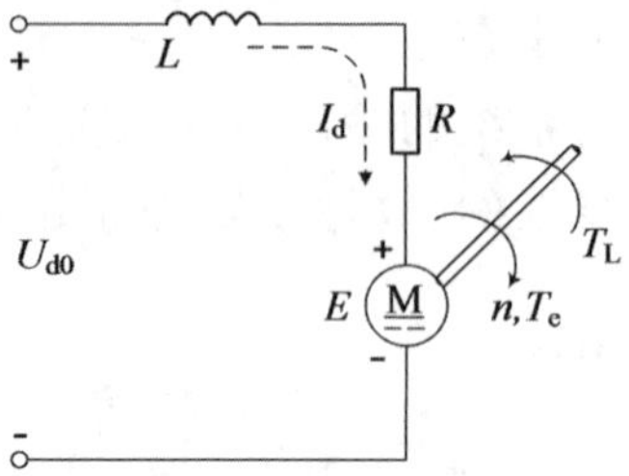

图 2-35　直流电动机在额定励磁下的等效电路

假定主电路电流连续，则动态电压方程为：

$$U_{d0} = I_d R + L\frac{dI_d}{dt} + E \tag{2-42}$$

忽略黏性摩擦转距及扭转弹性转矩，直流电动机转轴上的运动学方程为：

$$T_e - T_L = \frac{GD^2}{375}\frac{dn}{dt} \tag{2-43}$$

式中，T_L——包括电动机空载转矩在内的负载转矩(N·m)；

GD^2——电力拖动装置折算到电动机轴上的飞轮惯量(N·m²)。

额定励磁下的反电动势 E 和电磁转矩 T_e 分别为：

$$E = C_e n \tag{2-44}$$

$$T_e = C_m I_d \tag{2-45}$$

式中，C_m——电动机额定励磁下的转矩系数(N·m/A)。

$$C_{m}=\frac{30}{\pi}C_{e}$$

再定义下列时间常数：

T_{l}——电枢回路电磁时间常数(s)，$T_{l}=L/R$；

T_{m}——电力拖动系统机电时间常数(s)。

$$T_{m}=\frac{GD^{2}R}{375C_{e}C_{m}}$$

将其代入式(2-42)、式(2-43)，整理后得：

$$U_{d0}-E=R\left(I_{d}+T_{l}\frac{\mathrm{d}I_{d}}{\mathrm{d}t}\right) \tag{2-46}$$

$$I_{d}-I_{dL}=\frac{T_{m}}{R}\frac{\mathrm{d}E}{\mathrm{d}t} \tag{2-47}$$

式(2-47)中，I_{dL}——负载电流(A)，$I_{dL}=\frac{T_{L}}{C_{m}}$。

在零初始条件下，取等式两侧的拉普拉斯变换，得到电压与电流之间的传递函数为：

$$\frac{I_{d}(s)}{U_{d0}(s)-E(s)}=\frac{\frac{1}{R}}{T_{l}s+1} \tag{2-48}$$

电流与电动势间的传递函数为：

$$\frac{E(s)}{I_{d}(s)-I_{dL}(s)}=\frac{R}{T_{m}s} \tag{2-49}$$

式(2-48)、式(2-49)对应的动态结构图如图 2-36(a)、图 2-36(b)所示，将两图中相同的参数连接起来，同时考虑到 $n=E/C_{e}$，即可得到额定励磁下直流电动机的动态结构图，如图 2-37 所示。

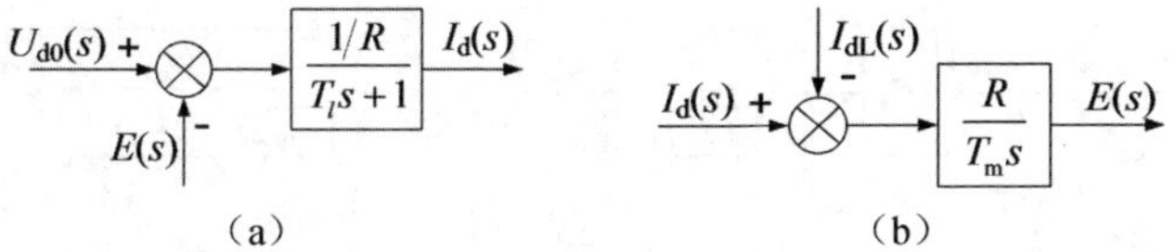

图 2-36 直流电动机的电压、电流和反电动势间的动态结构图

(a)电压和电流的结构框图；(b)电流和反电动势的结构框图

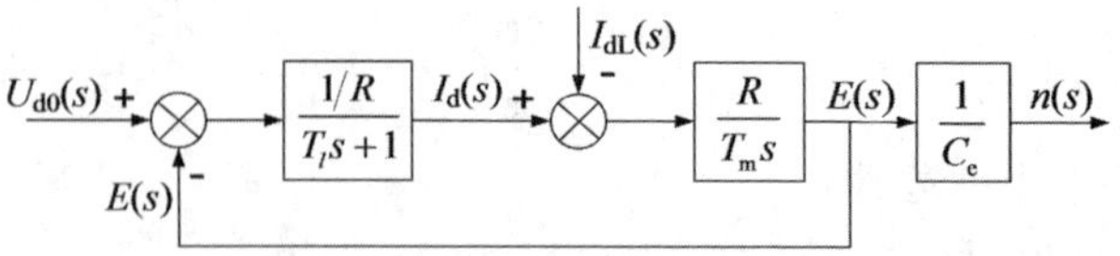

图 2-37 直流电动机的动态结构图

由图 2-37 可知，直流电动机有两个输入量，一个是施加在电枢两端的理想空载电压 U_{d0}，另一个是负载电流 I_{dL}，前者是控制输入量，后者是扰动输入量。如果不需要在结构图中显现电枢电流 I_d，可将负载电流扰动量 I_{dL} 的作用点前移，再进行等效变换，得到如图 2-38 所示的等效结构图。

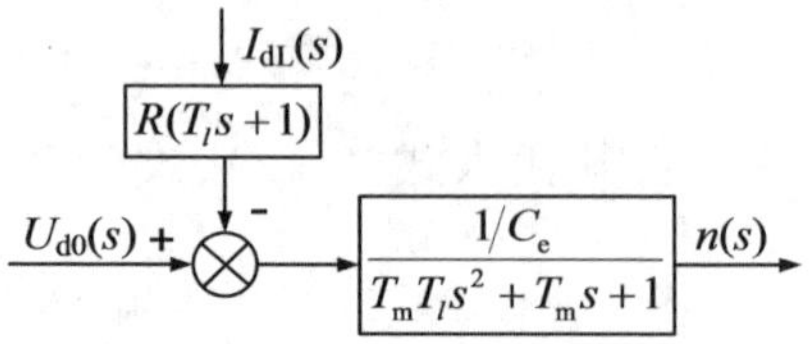

图 2-38 直流电动机等效的动态结构图

在图 2-33 所示的转速反馈控制的直流调速系统中还有比例放大器和测速反馈环节，都可认为是瞬时的，因此它们的传递函数就是放大系数，即：

比例放大器

$$W_a(s)=\frac{U_c(s)}{\Delta U_n(s)}=K_p \tag{2-50}$$

测速反馈环节

$$W_{fn}(s)=\frac{U_n(s)}{n(s)}=\alpha \tag{2-51}$$

确定了转速反馈控制直流调速系统中各环节的传递函数后，将它们按照相互关系组合起来，即可得到转速反馈控制直流调速系统的动态结构框图，如图 2-39 所示。由图可知，将电力电子变换器近似为一阶惯性环节后，带比例放大器的转速反馈控制直流调速系统可以近似看成一个三阶线性系统。

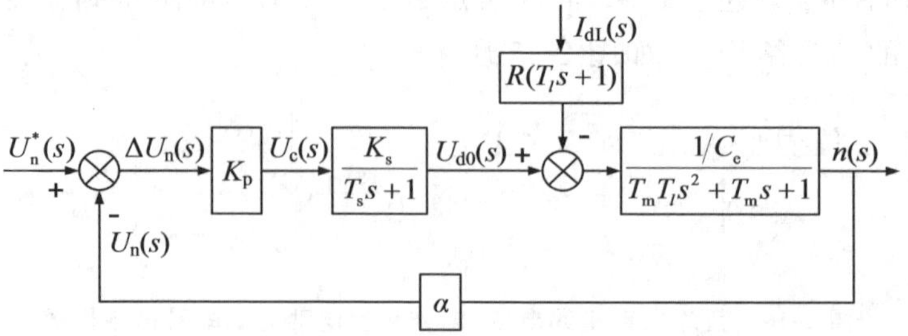

图 2-39 转速反馈控制直流调速系统的动态结构框图

由图 2-39 可知，转速反馈控制直流调速系统的开环传递函数是：

$$W(s)=\frac{U_n(s)}{\Delta U_n(s)}=\frac{K}{(T_s s+1)(T_m T_l s^2+T_m s+1)} \tag{2-52}$$

式中，$K=K_p K_s \alpha / C_e$。

假设调速系统空载，即 $I_{dL}=0$，此时只需考虑给定输入的作用，则转速反馈控制直流调速系统的闭环传递函数为：

$$\begin{aligned} W_{cl}(s)=\frac{n(s)}{U_n^*(s)} &= \frac{\dfrac{K_p K_s / C_e}{(T_s s+1)(T_m T_l s^2+T_m s+1)}}{1+\dfrac{K_p K_s \alpha / C_e}{(T_s s+1)(T_m T_l s^2+T_m s+1)}} \\ &= \frac{K_p K_s / C_e}{(T_s s+1)(T_m T_l s^2+T_m s+1)+K} \\ &= \frac{\dfrac{K_p K_s}{C_e(1+K)}}{\dfrac{T_m T_l T_s}{1+K}s^3+\dfrac{T_m(T_l+T_s)}{1+K}s^2+\dfrac{T_m+T_s}{1+K}s+1} \end{aligned} \tag{2-53}$$

至此，得到了闭环直流调速系统中电动机转速与给定输入电压之间的传递函数。

2.5.2 比例控制的直流调速系统

2.5.2.1 开环系统机械特性和比例控制闭环系统静特性的关系

在 2.4.2 节中，式(2-38)表示开环直流调速系统的机械特性，如果把图 2-33 所示闭环直流调速系统中的反馈回路断开，则该系统的开环机械特性为

$$n=\frac{U_{d0}-I_d R}{C_e}=\frac{K_p K_s U_n^*}{C_e}-\frac{I_d R}{C_e}=n_{0op}-\Delta n_{op} \tag{2-54}$$

式中，n_{0op}——开环系统的理想空载转速；

Δn_{op}——开环系统的稳态转速降落。

闭环时，比例控制直流调速系统的静特性可写成：

$$n=\frac{K_p K_s U_n^*}{C_e(1+K)}-\frac{I_d R}{C_e(1+K)}=n_{0cl}-\Delta n_{cl} \tag{2-55}$$

式中，n_{0cl}——闭环系统的理想空载转速；

Δn_{cl}——闭环系统的稳态转速降落。

比较式(2-54)和式(2-55)可以得出以下结论：

(1)闭环系统静特性可以比开环系统机械特性硬得多。

在同样的负载扰动下，开环系统和闭环系统的转速降落分别为：

$$\Delta n_{op}=\frac{I_d R}{C_e} \quad 和 \quad \Delta n_{cl}=\frac{I_d R}{C_e(1+K)}$$

它们之间的关系为：

$$\Delta n_{cl}=\frac{\Delta n_{op}}{1+K} \tag{2-56}$$

显然，当 K 值较大时，Δn_{cl} 比 Δn_{op} 小得多，表明闭环系统的特性要硬得多。

(2)闭环系统的静差率要比开环系统小得多。

闭环系统和开环系统的静差率分别为：

$$s_{cl}=\frac{\Delta n_{cl}}{n_{0cl}} \quad 和 \quad s_{op}=\frac{\Delta n_{op}}{n_{0op}}$$

按理想空载转速相同的情况比较，当 $n_{0op}=n_{0cl}$ 时，有：

$$s_{cl}=\frac{s_{op}}{1+K} \tag{2-57}$$

(3)如果所要求的静差率一定，则闭环系统可以大大提高调速范围。

如果电动机的最高转速都是 n_N，而对最低速静差率的要求相同，那么，由式(2-35)可得：

开环时

$$D_{op}=\frac{n_N s}{\Delta n_{op}(1-s)}$$

闭环时

$$D_{cl}=\frac{n_N s}{\Delta n_{cl}(1-s)}$$

再结合式(2-57)，得：

$$D_{cl}=(1+K)D_{op} \tag{2-58}$$

需要指出的是，式(2-57)的条件是开环系统和闭环系统的理想空载转速相同，而式(2-58)的条件是二者的最高转速相同，两式的条件不一样。若在同一条件下计算，其结果在数值上会略有差别，但第(2)点和(3)点结论仍是正确的。

综合以上三点，可得下述结论：比例控制的直流调速系统可以获得比开环调速系统硬得多的稳态特性，从而在保证一定静差率的要求下，能够提高调速范围，为此，需要设置电压放大器和转速检测装置。

在闭环系统中，直流电动机的额定转速降落仍旧是 $\Delta n_N = RI_N/C_e$，与开环调速系统相比，电枢回路电阻 R、额定负载电流 I_N 和直流电动机的电动势系数 C_e 并没有发生变化，那么，闭环直流调速系统的稳态速降为何能减少呢？

在开环调速系统中，由于电动机电枢两端的电压不变，当负载电流变大时，电枢回路电阻上的压降随之增加，从而导致电动机的转速下降。而闭环调速系统中增加了转速反馈装置，转速稍有下降，反馈电压就表现出来，通过比较和放大，提高电力电子装置的输出电压 U_d，使系统工作在新的机械特性上，以补偿电枢回路电阻压降的影响，从而提高转速，减少转速降落。

在图 2-40 中，设原始工作点为 A，负载电流为 I_{dL1}；当负载电流增大到 I_{dL2} 时，开环系统的转速将下降到 B' 点，而引入闭环控制后，由于转速反馈调节作用，电压可升高到 U_{d3}，使工作点变成 B，显然，此时的稳态速降比开环系统小得多。这样，在闭环调速系统中，每增加（或减少）一点负载，就相应地提高（或降低）电枢电压，使直流电动机工作在新的机械特性上。闭环调速系统的静特性就相当于在许多开环机械特性上各取一个相应的工作点，如图 2-40 中的 A、B、C、D，再由这些工作点连接而成。

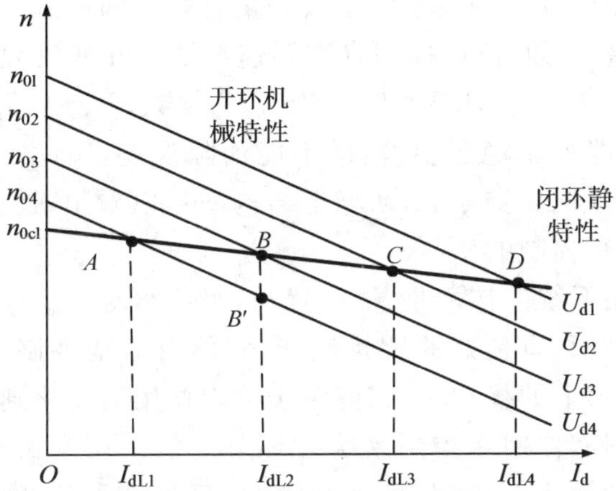

图 2-40　闭环系统静特性和开环系统机械特性的关系

由此可知，比例控制直流调速系统能够减少稳态速降的实质在于它的自动调节作用，它能随着负载的变化而相应地改变电动机的电枢电压，以补偿电枢回路电阻压降变化的影响。

［**例题 2-3**］在例题 2-2 中，龙门刨床要求 $D=20$，$s\leqslant 5\%$，已知 $K_s=30$，$\alpha=0.015\ \text{V}\cdot\text{min/r}$，$C_e=0.2\ \text{V}\cdot\text{min/r}$，采用比例控制直流调速系统满足上述要求时，比例控制器的系数应该取多少？

解 在上例中已经求得，开环系统额定速降为 $\Delta n_{op}=275\ \text{r/min}$，但为了满足调速要求，闭环调速系统的额定速降应为 $\Delta n_{cl}\leqslant 2.63\ \text{r/min}$，由式(2-56)可得：

$$K=\frac{\Delta n_{op}}{\Delta n_{cl}}-1\geqslant\frac{275}{2.63}-1\approx 103.6$$

由式(2-40)代入各参数值，可求得比例系数 K_p 为：

$$K_p=\frac{K}{K_s\alpha/C_e}\geqslant\frac{103.6}{30\times 0.015/0.2}\approx 46$$

因此，只要比例系数 $K_p>46$，闭环调速系统就能够满足所需的稳态性能指标。

2.5.2.2 比例控制直流调速系统的反馈控制规律

比例控制的直流调速系统是一种基本的反馈控制系统，它具有以下三个基本特征，即反馈控制的基本规律。

(1)比例控制的反馈控制系统是被调量有静差的控制系统。

由静特性分析可知，比例控制直流调速系统的开环放大系数 K 值越大，系统的稳态性能越好。但只要比例系数 K_p 为常数，开环放大系数 $K\neq\infty$，转速反馈控制就只能减小稳态误差，但不能消除误差，因此，这样的控制系统叫作有静差控制系统。实际上，从稳态结构图可以看出，此类系统正是依靠被调量的偏差进行控制的。

(2)反馈控制系统的作用是：抵抗扰动，服从给定。

反馈控制系统具有良好的抗扰性能，它能有效地抑制一切被负反馈环所包围的前向通道上的扰动作用，但对于给定作用的变化则唯命是从。

除给定信号外，作用在控制系统各环节上的一切会引起输出量变化的因素都叫作“扰动作用”。在分析静特性时，只讨论了负载变化这一种扰动作用，除此之外，交流电源电压的波动(使 K_s 变化)、电动机励磁的变化(造

成 C_e 变化）、放大器输出电压的漂移（使 K_p 变化）、由温度升高引起主电路电阻 R 的变化等，这些因素和负载变化一样，都会影响到转速，都能被测速装置检测出来，再通过反馈控制的作用，减小它们对稳态转速的影响。如图 2-41 所示，各种扰动作用都表示在稳态结构图上，反馈控制系统对它们都能有效抑制。但是，有一种扰动除外，如果在反馈通道上的测速反馈系数 α 受到某种影响而发生变化，它非但不能被反馈控制系统抑制，反而会造成被调量的误差。因此，反馈控制系统所能抑制的只是被反馈环所包围的前向通道上的扰动。

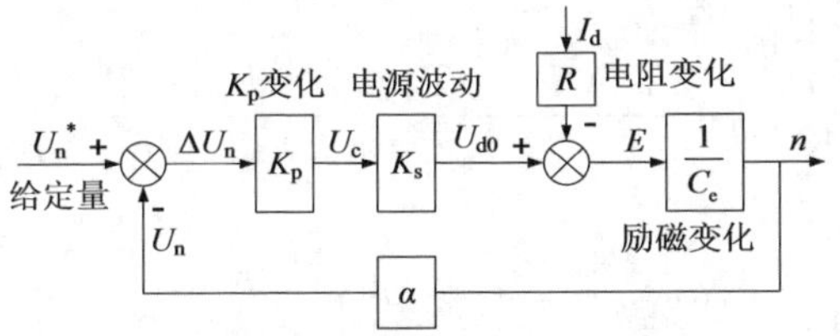

图 2-41　闭环直流调速系统的给定量和扰动量

抗扰性能是反馈控制系统最突出的特征之一。正因为有这一特征，在设计闭环调速系统时，可以只考虑一种主要扰动作用，如在调速系统中只考虑负载扰动。按照克服负载扰动的要求进行设计，其他扰动也就自然都受到抑制了。

与扰动作用不同的是在反馈环外的给定作用，如图 2-41 中的转速给定信号 U_n^*，它的任何变化都会使被调量 n 随之变化，不受反馈环的抑制。因此，反馈控制系统的规律是：一方面能够有效抑制一切被包在负反馈环内前向通道上的扰动作用；另一方面，紧密跟随给定作用，对给定信号的任何变化都唯命是从。

（3）系统的精度依赖于给定和反馈检测的精度。

如果产生给定电压的电源发生波动，反馈控制系统无法鉴别是对给定电压的正常调节还是不应有的电压波动。因此，高精度的调速系统必须有更高精度的给定稳压电源。

反馈检测装置的误差也是反馈控制系统无法克服的。在上述调速系统中，测速发电机励磁发生变化时，会使测到的转速反馈信号偏离实际值，而测速发电机电压中的换向纹波、制造或安装不良造成转子的偏心等，都会给系统带来周期性干扰。显然，转速反馈检测装置的精度也是保证转速控制系统精度的重要因素。现代调速系统的发展趋势是用数字给定和数字测速来提高调速系统的精度。

2.5.2.3 比例控制闭环直流调速系统的动态稳定性

在比例控制的直流调速系统中，比例系数 K_p 越大，稳态误差越小，稳态性能就越好。但是闭环调速系统是否能够正常运行，还要看系统的动态稳定性。

由转速反馈控制直流调速系统的闭环传递函数式(2-53)可知，比例控制闭环调速系统的特征方程为：

$$\frac{T_m T_l T_s}{1+K}s^3 + \frac{T_m(T_l+T_s)}{1+K}s^2 + \frac{T_m+T_s}{1+K}s + 1 = 0 \tag{2-59}$$

它的一般表达式为：

$$a_0 s^3 + a_1 s^2 + a_2 s + a_3 = 0$$

根据三阶系统的劳斯-赫尔维茨判据，系统动态稳定的充分必要条件是：

$$a_0 > 0, a_1 > 0, a_2 > 0, a_3 > 0, a_1 a_2 - a_0 a_3 > 0$$

式(2-59)的各项系数显然都是大于零的，因此，动态稳定的条件只需满足：

$$\frac{T_m(T_l+T_s)}{1+K}\,\frac{T_m+T_s}{1+K} - \frac{T_m T_l T_s}{1+K} > 0$$

或

$$(T_l+T_s)(T_m+T_s) > (1+K)T_l T_s$$

整理后得：

$$K < \frac{T_m(T_l+T_s)+T_s^2}{T_l T_s} \tag{2-60}$$

式(2-60)右边称作系统的临界放大系数 K_{cr}，当 $K \geqslant K_{cr}$ 时，系统将不稳定。

上述分析表明，比例控制直流调速系统的稳态误差小与系统的动态稳定性是矛盾的，对于自动控制系统来说，动态稳定性是它能正常工作的首要条件，是必须保证的。

[**例题 2-4**] 在例题 2-3 中，系统采用的是三相桥式可控整流电路，已知电枢回路总电阻 $R=0.18\ \Omega$，电感量 $L=3\ \text{mH}$，系统运动部分的飞轮惯量

$GD^2=60\ \mathrm{N\cdot m^2}$，试判别该系统的动态稳定性。

解 先计算出系统中各环节的时间常数：

电磁时间常数

$$T_l=\frac{L}{R}=\frac{0.003}{0.18}\approx 0.016\ 7(\mathrm{s})$$

机电时间常数

$$T_m=\frac{GD^2R}{375C_eC_m}=\frac{60\times 0.18}{375\times 0.2\times 0.2\times 30/\pi}\approx 0.075(\mathrm{s})$$

对于三相桥式整流电路，晶闸管装置的滞后时间常数为：

$$T_s=0.001\ 67(\mathrm{s})$$

为保证系统动态稳定，开环放大系数应满足式(2-60)的稳定条件：

$$K<\frac{T_m(T_l+T_s)+T_s^2}{T_lT_s}=\frac{0.075\times(0.016\ 7+0.001\ 67)+0.001\ 67^2}{0.016\ 7\times 0.001\ 67}\approx 49.5$$

按动态稳定性要求，$K<49.5$。但在例题 2-3 中，按稳态性能指标要求，应有 $K\geqslant 103.6$，显然，该比例控制直流调速系统的动态稳定性和稳态性能要求是矛盾的。

[**例题 2-5**] 在上题的比例控制直流调速系统中，若改用全控型器件的 PWM 调速系统，电动机不变，由于电枢回路不需接入平波电抗器，故电枢回路参数为：$R=0.1\ \Omega$，电感量 $L=1\ \mathrm{mH}$，PWM 开关频率为 8 kHz。按同样的稳态性能指标 $D=20$，$s\leqslant 5\%$，该系统能否稳定？如果对静差率的要求不变，在保证动态稳定时，该系统能够达到的最大调速范围是多少？

解 采用直流 PWM 调速系统时，各环节的时间常数为：

$$T_l=\frac{L}{R}=\frac{0.001}{0.1}=0.01(\mathrm{s})$$

$$T_m=\frac{GD^2R}{375C_eC_m}=\frac{60\times 0.1}{375\times 0.2\times \dfrac{30}{\pi}\times 0.2}\approx 0.041\ 9(\mathrm{s})$$

$$T_s=\frac{1}{8000}=0.000\ 125(\mathrm{s})$$

按照式(2-60)的动态稳定性条件，应有：

$$K<\frac{T_m(T_l+T_s)+T_s^2}{T_lT_s}=\frac{0.041\ 9\times(0.01+0.000\ 125)+0.000\ 125^2}{0.01\times 0.000\ 125}\approx 339.4$$

按照稳态性能指标要求，额定负载时闭环调速系统的稳态速降应为$\Delta n_{cl} \leqslant 2.63$ r/min（见例题 2-2），而 PWM 调速系统的开环额定速降为：

$$\Delta n_{op} = \frac{I_N R}{C_e} = \frac{305 \times 0.1}{0.2} = 152.5(\text{r/min})$$

因此，闭环调速系统的开环放大系数应满足：

$$K = \frac{\Delta n_{op}}{\Delta n_{cl}} - 1 \geqslant \frac{152.5}{2.63} - 1 \approx 57$$

显然，直流 PWM 调速系统能够在满足稳态性能指标的要求下稳定运行。

若系统处于临界稳定状态，$K = 339.4$，此时闭环调速系统的稳态速降最低为：

$$\Delta n_{cl} = \frac{\Delta n_{op}}{1+K} = \frac{152.5}{1+339.4} \approx 0.45(\text{r/min})$$

则闭环系统调速范围最大可达：

$$D_{cl} = \frac{n_N s}{\Delta n_{cl}(1-s)} = \frac{1\ 000 \times 0.05}{0.45 \times (1-0.05)} \approx 117$$

可见，直流 PWM 调速系统的稳态性能指标相比 V-M 调速系统有大幅提高。

2.5.3 比例积分控制的无静差直流调速系统

2.5.3.1 积分调节器和积分控制规律

在比例控制直流 V-M 调速系统中，稳态性能和动态稳定性的要求常常是互相矛盾的。根据自动控制原理，要解决这个矛盾，必须恰当地设计动态校正装置，用来校正系统。动态校正的方法很多，而且对于一个系统来说，符合要求的校正方案也不是唯一的。在电力拖动自动控制系统中，常用串联校正和反馈校正，对于带电力电子变换器的直流闭环调速系统，传递函数阶次较低，一般采用 PID 调节器的串联校正方案就能完成动态校正的任务。

PID 调节器包括比例（P）控制、积分（I）控制和微分（D）控制，下面首先讨论积分控制的作用。在输入转速误差信号 ΔU_n 的作用下，积分调节器的输入-输出关系为：

$$U_c = \frac{1}{\tau}\int_0^t \Delta U_n \mathrm{d}t \tag{2-61}$$

其传递函数是：

$$W_{\mathrm{I}}(s)=\frac{1}{\tau s} \tag{2-62}$$

式中，τ——积分时间常数。

在采用比例调节器的直流调速系统中，调节器的输出是电力电子变换器的控制电压 $U_c=K_p\Delta U_n$。只要直流电动机在运行，就必须有控制电压 U_c，因而也必须有转速偏差电压 ΔU_n，这是此类调速系统有静差的根本原因。

如果采用积分调节器，则控制电压 U_c 是转速偏差电压 ΔU_n 的积分。当 ΔU_n 是阶跃函数时，U_c 按线性规律增长，每一时刻 U_c 的大小与 ΔU_n 和横轴所包围的面积成正比，如图 2-42(a)所示，图中 U_{cm} 是积分调节器的输出限幅值。对于闭环调速系统中的积分调节器，ΔU_n 不是阶跃函数，而是随转速不断变化的。当电动机起动后，随着转速的升高，ΔU_n 不断减少，但积分作用使 U_c 仍继续增加，只不过 U_c 的增长不是线性的，每一时刻 U_c 的大小仍和 ΔU_n 与横轴所包围的面积成正比，如图 2-42(b)所示。在动态过程中，当 ΔU_n 变化时，只要其极性不变，即满足 $U_n^*>U_n$，积分调节器的输出 U_c 便一直增长；当达到 $U_n^*=U_n$，$\Delta U_n=0$ 时，U_c 才停止增加，达到其终值 U_{cf}。需要特别强调的是，当 $\Delta U_n=0$ 时，U_c 并不是零，而是终值 U_{cf}。如果 ΔU_n 不再变化，该终值便保持恒定而不再变化，这是积分控制不同于比例控制的特点。因此，积分控制可以使系统在无静差的情况下保持恒速运行，实现无静差调速。

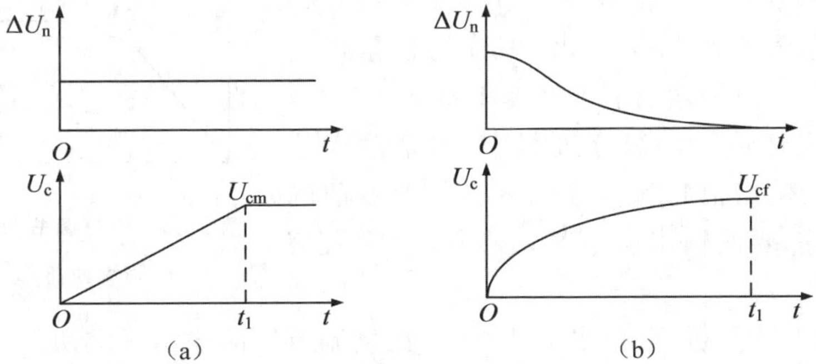

图 2-42 积分调节器的输入和输出动态过程

(a)阶跃误差；(b)非线性误差

转速闭环调速系统除了给定输入量 U_n^* 以外，还存在一个扰动输入量 I_{dL}，为了分析扰动输入量 I_{dL} 对积分控制调速系统的影响，假定系统已进入稳定状态，则有 $n_1=n^*$，$U_n=U_n^*$，$\Delta U_n=0$，$I_d=I_{dL1}$，$U_c=U_{c1}$。若在 t_1 时刻负载电流从 I_{dL1} 增加到 I_{dL2}，使得转速 n 开始下降，产生动态速降 ΔU_n，由于积分控制器的作用，控制电压 U_c 从 U_{c1} 逐渐上升，使得电枢电压也从 U_{d1} 不断增加，从而使转速 n 在下降到一定程度后又回升。而在 t_2 时刻达到新的稳态时，ΔU_n 又恢复为零，但 U_c 已从 U_{c1} 增大到 U_{c2}，进而使电枢电压由 U_{d1} 上升到 U_{d2}，以补偿负载电流增加的压降。积分控制调速系统突加负载后的动态响应过程曲线如图 2-43 所示，根据 U_c 的大小与 ΔU_n 和横轴所包围的面积成正比的关系，其中 ΔU_n 的最大值对应于 U_c 的拐点。在该过程中，U_c 的改变并非仅依靠 ΔU_n 本身，而是依靠 ΔU_n 在一段时间内的积累。

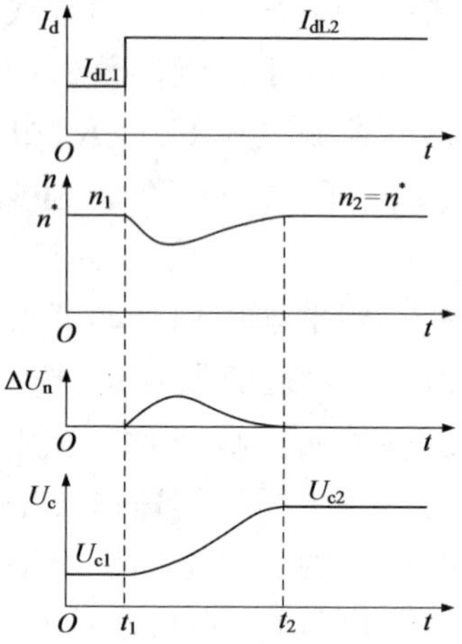

图 2-43 积分控制调速系统突加负载后的动态响应过程曲线

因此，可总结出积分调节器的积分控制规律，如图 2-44 所示。

(1)延缓性。积分调节器输入阶跃信号时，输出按积分线性增长。

(2)积累性。只要积分调节器输入信号存在，无论信号大小如何变化，积分的积累作用就持续下去，只是输出值上升速率不同。

(3)记忆性。在积分过程中，如果输入信号变为零，输出值将保持在输入信号改变前的瞬时值。若要使输出值下降，必须改变输入信号的极性。

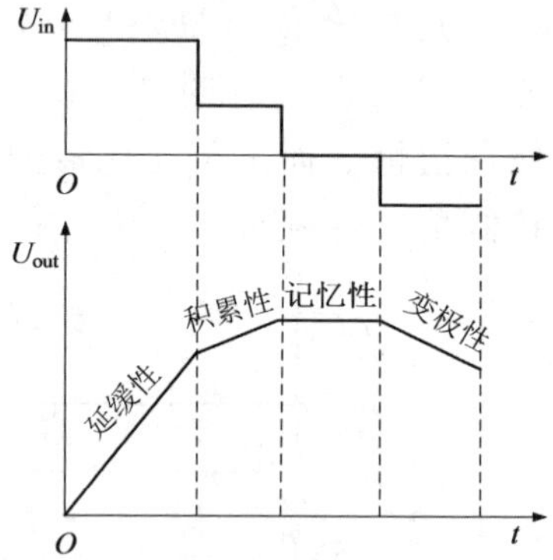

图 2-44 积分调节器的积分控制规律示意图

根据上述分析，可得出下述结论：比例调节器的输出只取决于输入偏差量的现状，而积分调节器的输出则包含了输入偏差量的全部历史。虽然稳态时 $\Delta U_n=0$，但只要历史上有过 ΔU_n 不为零，其积分就有一定数值，就能够产生调速系统稳态运行所需要的控制电压 U_c。这就是积分控制规律和比例控制规律的根本区别。

2.5.3.2 比例积分控制规律

从无静差的角度考虑，积分控制明显优于比例控制，但是在动态响应速度上，积分控制却又远不如比例控制。同样在阶跃输入作用下，比例调节器的输出可以立即响应，而积分调节器的输出只能缓慢变化。如果既要稳态精度高，又要动态响应快，那该怎么办呢？可以将比例和积分两种控制方式结合起来，构成比例积分(PI)控制。

比例积分调节器(PI 调节器)的输出由比例和积分两部分相加，其输入-输出关系的表达式为：

$$U_{out} = K_p U_{in} + \frac{1}{\tau}\int_0^t U_{in}\,dt \tag{2-63}$$

为了使 PI 调节器的表达式更具有通用性，用 U_{in} 表示 PI 调节器的输入，U_{out} 表示 PI 调节器的输出。其传递函数为：

$$W_{PI}(s) = K_p + \frac{1}{\tau s} = \frac{K_p \tau s + 1}{\tau s} \tag{2-64}$$

令 $\tau_1 = K_p \tau$，则 PI 调节器的传递函数也可写成：

$$W_{PI}(s) = K_p \frac{\tau_1 s + 1}{\tau_1 s} \tag{2-65}$$

由式(2-65)可知，PI 调节器也可以用积分和比例微分两个环节表示，其中 τ_1 表示超前时间常数。

采用模拟电路控制时，可用运算放大器来实现 PI 调节器，其电路如图 2-45 所示。利用运算放大器两个输入端“虚短”“虚断”的特点，可推导出基于运算放大器的模拟 PI 调节器输入-输出之间的关系式为：

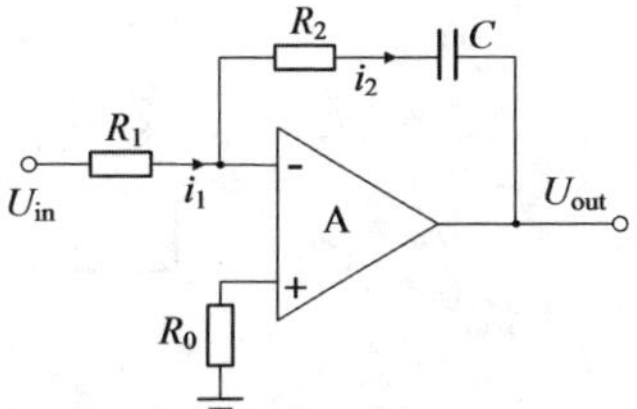

图 2-45 比例积分(PI)调节器的模拟电路

$$U_{out} = \frac{R_2}{R_1}U_{in} + \frac{1}{R_1 C}\int U_{in}\,dt = K_p U_{in} + \frac{1}{\tau}\int U_{in}\,dt \tag{2-66}$$

式中，$K_p = R_2/R_1$，$\tau = R_1 C$。

此外，R_0 为运算放大器同相输入端的平衡电阻，通常取反相输入端各电路电阻的并联值。

由式(2-63)可以得到 PI 调节器在输入 U_{in} 为方波时的输出特性，如图 2-46 所示。当 $t=0$ 突加输入 U_{in0} 时，由于比例部分的作用，输出立即响应，跳变到 $U_{out}=K_pU_{in0}$，实现了快速响应；随后 U_{out} 按积分规律增长，$U_{out}=K_pU_{in0}+t_1U_{in0}/\tau$。在 $t=t_1$ 时，输入 U_{in} 突降到零，即 $U_{in}=0$，此时 $U_{out}=t_1U_{in0}/\tau$，使电力电子变换器的稳态输出电压足以克服负载电流产生的压降，实现稳态转速无静差。

由此可见，比例积分控制综合了比例控制和积分控制两种规律的优点，又克服了各自的缺点，扬长避短、互相补充。比例部分能迅速响应控制作用，积分部分则最终消除稳态静差。

在闭环直流调速系统中，负载扰动也会引起 ΔU_n 的变化，图 2-47 给出了比例积分调节器的输入和输出动态过程。假设输入转速偏差电压 ΔU_n 的波形如图 2-47 所示，则输出波形中比例部分 a 与 ΔU_n 成正比，积分部分 b 是 ΔU_n 的积分曲线，而 PI 调节器的输出电压 U_c 是这两部分之和，即 $c=a+b$。可见，U_c 既具有快速响应性能，又能消除调速系统的静差。此外，比例积分调节器还是提高系统稳定性的校正装置，因此，它在直流调速系统和其他控制系统中得到了广泛的应用。

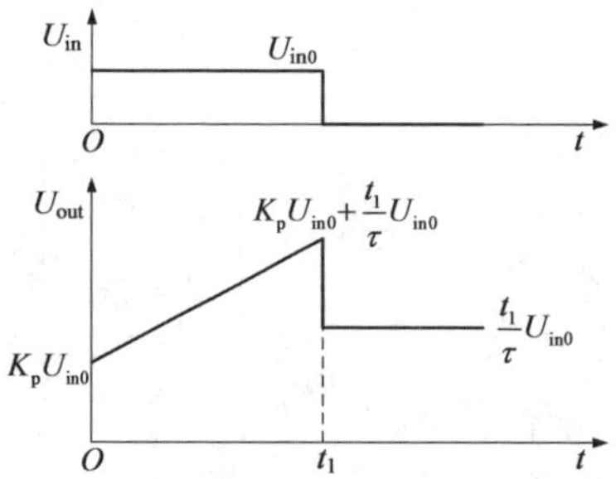

图 2-46 PI 调节器方波输入的输出特性

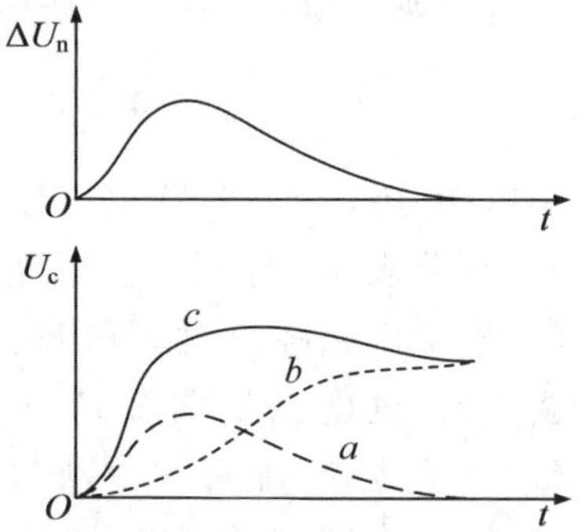

图 2-47 闭环系统中 PI 调节器的输入和输出

2.5.4 直流调速系统的稳态误差分析

对于稳定系统，稳态误差是衡量系统稳态性能的指标，它根据对典型信号的控制误差来表征系统控制的准确度和抑制干扰的能力。

转速反馈控制直流调速系统的动态结构框图如图 2-48 所示，其中的转速调节器用 ASR 来表示，它可以选择比例调节器、积分调节器或比例积分调节器。

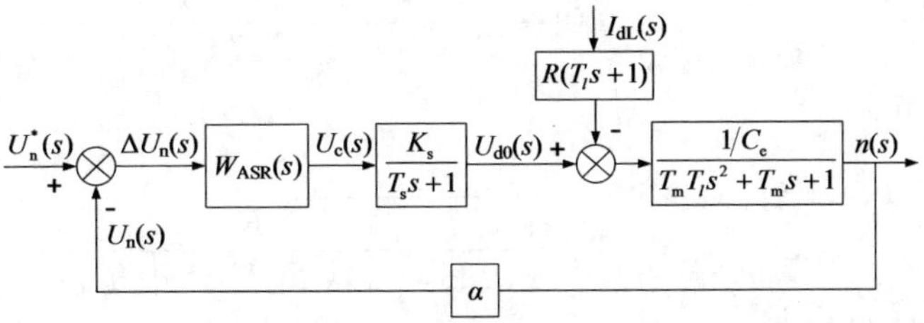

图 2-48 转速反馈控制直流调速系统的动态结构框图

在使用比例调节器时，转速反馈控制直流调速系统的开环传递函数如式(2-52)所示，重写如下：

$$W(s)=\frac{K}{(T_s s+1)(T_m T_l s^2+T_m s+1)} \tag{2-67}$$

式中，$K=\frac{K_p K_s \alpha}{C_e}$。

在使用积分调节器时，系统的开环传递函数为：

$$W(s)=\frac{K}{s(T_s s+1)(T_m T_l s^2+T_m s+1)} \tag{2-68}$$

式中，$K=\frac{K_s \alpha}{\tau C_e}$。

根据系统开环传递函数中积分环节的数目，划分了控制系统的类型，比例控制的调速系统是 0 型系统，而积分控制、比例积分控制的调速系统是 Ⅰ 型系统。

稳态误差定义为输入量和反馈量的差值，即：

$$\Delta U_n(t)=U_n^*(t)-U_n(t) \tag{2-69}$$

衡量系统控制准确度的是系统对给定输入 U_n^* 的跟随能力；衡量系统抑制干扰能力的是系统抑制负载电流 I_{dL} 的抗扰能力。

2.5.4.1 阶跃给定输入的稳态误差

在分析阶跃给定输入 $U_n^*(s)$ 的稳态误差时，令 $I_{dL}(s)=0$。图 2-48 所示调速系统采用不同转速调节器的误差传递函数如下：

比例调节器

$$\Delta U_{\mathrm{n}}(s)=U_{\mathrm{n}}^{*}(s)\times\frac{1}{1+\dfrac{K}{(T_{\mathrm{s}}s+1)(T_{\mathrm{m}}T_{l}s^{2}+T_{\mathrm{m}}s+1)}} \tag{2-70}$$

积分调节器

$$\Delta U_{\mathrm{n}}(s)=U_{\mathrm{n}}^{*}(s)\times\frac{1}{1+\dfrac{K}{s(T_{\mathrm{s}}s+1)(T_{\mathrm{m}}T_{l}s^{2}+T_{\mathrm{m}}s+1)}} \tag{2-71}$$

比例积分调节器

$$\Delta U_{\mathrm{n}}(s)=U_{\mathrm{n}}^{*}(s)\times\frac{1}{1+\dfrac{K(K_{\mathrm{p}}\tau s+1)}{s(T_{\mathrm{s}}s+1)(T_{\mathrm{m}}T_{l}s^{2}+T_{\mathrm{m}}s+1)}} \tag{2-72}$$

在阶跃给定输入时，$U_{\mathrm{n}}^{*}(s)=\dfrac{U_{\mathrm{n}}^{*}}{s}$，对稳定系统，可以用终值定理求 $t\to\infty$ 时的误差 ΔU_{n}。

从式(2-70)可求得比例控制的调速系统的阶跃给定输入的稳态误差是：

$$\Delta U_{\mathrm{n}}=\lim_{s\to 0}s\times\Delta U_{\mathrm{n}}(s)=\lim_{s\to 0}s\times\frac{U_{\mathrm{n}}^{*}}{s}\times\frac{1}{1+\dfrac{K}{(T_{\mathrm{s}}s+1)(T_{\mathrm{m}}T_{l}s^{2}+T_{\mathrm{m}}s+1)}}=\frac{U_{\mathrm{n}}^{*}}{1+K} \tag{2-73}$$

从式(2-71)可求得积分控制的调速系统的阶跃给定输入的稳态误差是：

$$\Delta U_{\mathrm{n}}=\lim_{s\to 0}s\times\Delta U_{\mathrm{n}}(s)=\lim_{s\to 0}s\times\frac{U_{\mathrm{n}}^{*}}{s}\times\frac{1}{1+\dfrac{K}{s(T_{\mathrm{s}}s+1)(T_{\mathrm{m}}T_{l}s^{2}+T_{\mathrm{m}}s+1)}}=0 \tag{2-74}$$

从式(2-72)可求得比例积分控制的调速系统的阶跃给定输入的稳态误差是：

$$\Delta U_{\mathrm{n}}=\lim_{s\to 0}s\times\Delta U_{\mathrm{n}}(s)=\lim_{s\to 0}s\times\frac{U_{\mathrm{n}}^{*}}{s}\times\frac{1}{1+\dfrac{K(K_{\mathrm{p}}\tau s+1)}{s(T_{\mathrm{s}}s+1)(T_{\mathrm{m}}T_{l}s^{2}+T_{\mathrm{m}}s+1)}}=0 \tag{2-75}$$

在系统稳定的情况下，式(2-73)表明 0 型系统对于阶跃给定输入稳态有差，被称作有静差调速系统；式(2-74)和式(2-75)表明 Ⅰ 型系统对于阶跃给定输入稳态无差，被称作无静差调速系统。

2.5.4.2 扰动引起的稳态误差

在分析由扰动引起的稳态误差时，令 $U_n^*(s)=0$。系统的误差如下：

比例调节器

$$\Delta U_n(s)=I_{dL}(s)\times\frac{\dfrac{R(T_l s+1)\alpha}{C_e(T_m T_l s^2+T_m s+1)}}{1+\dfrac{K}{(T_s s+1)(T_m T_l s^2+T_m s+1)}} \tag{2-76}$$

积分调节器

$$\Delta U_n(s)=I_{dL}(s)\times\frac{\dfrac{R(T_l s+1)\alpha}{C_e(T_m T_l s^2+T_m s+1)}}{1+\dfrac{K}{s(T_s s+1)(T_m T_l s^2+T_m s+1)}} \tag{2-77}$$

比例积分调节器

$$\Delta U_n(s)=I_{dL}(s)\times\frac{\dfrac{R(T_l s+1)\alpha}{C_e(T_m T_l s^2+T_m s+1)}}{1+\dfrac{K(K_p\tau s+1)}{s(T_s s+1)(T_m T_l s^2+T_m s+1)}} \tag{2-78}$$

当扰动为阶跃信号时，$I_{dL}(s)=\dfrac{I_{dL}}{s}$。可用终值定理求出 $t\rightarrow\infty$ 时的误差 ΔU_n。

从式(2-76)所得到的阶跃扰动引起的稳态误差是：

$$\Delta U_n=\lim_{s\rightarrow 0}s\times\Delta U_n(s)=\lim_{s\rightarrow 0}s\times\frac{I_{dL}}{s}\times\frac{\dfrac{R(T_l s+1)\alpha}{C_e(T_m T_l s^2+T_m s+1)}}{1+\dfrac{K}{(T_s s+1)(T_m T_l s^2+T_m s+1)}}=\frac{RI_{dL}\alpha}{C_e(1+K)} \tag{2-79}$$

从式(2-77)所得到的阶跃扰动引起的稳态误差是：

$$\Delta U_n = \lim_{s\to 0} s \times \Delta U_n(s) = \lim_{s\to 0} s \times \frac{I_{dL}}{s} \times \frac{\dfrac{R(T_l s+1)\alpha}{C_e(T_m T_l s^2+T_m s+1)}}{1+\dfrac{K}{s(T_s s+1)(T_m T_l s^2+T_m s+1)}} = 0 \tag{2-80}$$

从式(2-78)所得到的阶跃扰动引起的稳态误差是：

$$\Delta U_n = \lim_{s\to 0} s \times \Delta U_n(s) = \lim_{s\to 0} s \times \frac{I_{dL}}{s} \times \frac{\dfrac{R(T_l s+1)\alpha}{C_e(T_m T_l s^2+T_m s+1)}}{1+\dfrac{K(K_p \tau s+1)}{s(T_s s+1)(T_m T_l s^2+T_m s+1)}} = 0 \tag{2-81}$$

式(2-79)至式(2-81)表明：由扰动引起的稳态误差取决于误差点与扰动加入点之间的传递函数。对于比例控制的直流调速系统，该传递函数无积分环节，故存在扰动引起的稳态误差，称作有静差调速系统；对于积分控制或比例积分控制的调速系统，该传递函数具有积分环节，所以由阶跃扰动引起的稳态误差为 0，称作无静差调速系统。

2.6 直流调速系统的数字控制

直流调速系统从开环发展到闭环，关键是运算放大器等模拟电子电路组成的调节器所起的作用。它将转速给定量和转速反馈量进行比较后，控制电动机的转速。这类系统的给定量和反馈量都是采用模拟量形式给出的，称为模拟控制直流调速系统。闭环直流调速系统能抑制被反馈通道包围的前向通道上的扰动，如负载的扰动、调节器放大倍数的漂移、电网电压的波动等。但是对于系统给定和反馈通道的扰动，系统却无能为力。转速给定装置的误差，使得期望的给定电压值发生变化，而转速检测装置的误差，使得反馈电压反映的不是真实转速，这两种误差都会使转速偏离期望值，因此，模拟控制直流调速系统难以达到很高的调速精度。

以微处理器为核心的数字控制系统（以下简称“微机数字控制系统”）

硬件电路的标准化程度高，制作成本低，且不受器件温度漂移的影响；其控制软件能够进行逻辑判断和复杂运算，可以实现不同于一般线性调节的最优化、自适应、非线性、智能化等控制规律，而且更改起来灵活方便。总之，微机数字控制系统的稳定性好，可靠性高，能够提高控制性能，此外，还拥有信息存储、数据通信和故障诊断等模拟控制系统无法实现的功能。

2.6.1 模拟信号的离散化和数字化

微机控制的直流调速系统是一个数字采样系统，它的原理如图 2-49 所示。其中，S_1 是给定量的采样开关，S_2 是反馈量的采样开关，S_3 是输出量的采样开关。若所有的采样开关同时开和闭，则称为同步采样。

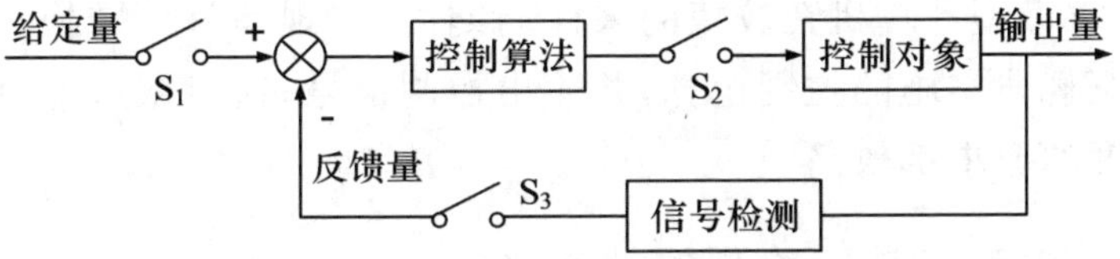

图 2-49 微型计算机采样控制系统框图

微型计算机无法连续输入给定信号和反馈信号，也无法连续改变输出信号，只能在采样开关闭合时输入和输出信号。当控制系统的给定量和反馈量都是连续的模拟信号时，为了把它们输入计算机，只能在采样时刻对连续的模拟信号进行采样，把连续信号变成脉冲信号，即离散的模拟信号，这就是信号的离散化。信号的离散化是微机数字控制系统的第一个特点。

采样得到的离散模拟信号本质上还是模拟信号，不能直接送入计算机，还需经过数字量化，即用一组数码（如二进制数）来逼近离散模拟信号的幅值，将它转换成数字信号，这就是信号的数字化。例如，采用 8 位二进制数表示 0～5 V 的电压，要将 2.6 V 模拟电压转换成二进制的数字量，则有 $2.6\div5\times2^8\approx133$，十进制数 133 对应的十六进制数为 0x85。信号的数字化是微机数字控制系统的第二个特点。

信号的离散化和数字化导致了信号在时间上和量值上的不连续性，因为数码总是有限的，用数码来逼近模拟信号是近似的，会产生量化误差。微机输出的信号需经过数模转换器或保持器转换为模拟信号，而保持器的存在会提高控制系统传递函数分母的阶次，减小系统的稳定裕度。

为了使离散的数字信号能够不失真地复现连续的模拟信号，对系统的采样频率有要求。根据香农(Shannon)采样定理：如果模拟信号的最高频率为 f_{max}，只要按照采样频率 $f \geqslant 2f_{max}$ 进行采样，得到的样品序列就可以代表(或恢复)模拟信号。显然，随着控制对象的不同，系统所要求的最低采样频率也不同。

在工业过程控制中，控制对象是流量、压力、液位和温度等，这些物理量的变化速度较为缓慢，故采样频率可以较低。但在电动机调速系统中，控制对象是电动机的转速和电流，它们都是快速变化的物理量，因而必须具备较高的采样频率。所以微型计算机控制的直流调速系统是一种快速数字采样系统，它要求微型计算机在较短的采样周期内，实现信号的转换、采集，完成按某种控制规律实施的控制运算，并输出控制信号，这对微型计算机的运算速度和精度的要求都较高。

2.6.2 电动机转速检测的数字化

对直流电动机进行闭环调速时，需要实时测得直流电动机的转速作为闭环控制的反馈量，所以电动机转速的检测非常重要。数字测速具有精度高、分辨能力强、受器件影响小等优点，已被广泛应用于调速要求高、调速范围大的调速系统和伺服系统。

2.6.2.1 旋转编码器

直流电动机的转速和位置信息，一般通过配套的编码盘产生的正交编码脉冲信号获得。光电式旋转编码器是检测转速或转角的元件，旋转编码器与电动机相连，当电动机转动时，带动编码器旋转，产生转速或转角对应的脉冲信号。旋转编码器可分为绝对式和增量式两种。

绝对式编码器在码盘上分层刻上表示角度的二进制数码或循环码(格雷码)，通过接收器将该数码送入计算机。绝对式编码器直接输出数字量，在它的圆形码盘上沿径向有若干同心码道(码道是指一圈一圈的同心环)，每条码道上由透光和不透光的扇形区相间组成，码盘上的码道数就是二进制数码的位数，在码盘的一侧是光源，另一侧对应每一码道有一光敏元件；

当码盘处于不同位置时，各光敏元件根据受光照与否转换出相应的电平信号，形成二进制数。该编码器不要计数器，在转轴的任意位置都可读出一个固定的与位置相对应的数字码。

对于一个具有 N 位二进制分辨率的编码器，其码盘必须有 N 条码道，如 17 位、25 位等绝对式编码器。图 2-50 表示具有 4 条码道的绝对式编码器，其中“0”表示该扇形区光线能透过，“1”表示该扇形区不能透光。显然，码道数越多，编码器的分辨率就越高。目前，国内已有 16 位的绝对式编码器产品。绝对式编码器常用于检测转角，若需要得到电动机的转速，则可以对测得的转角进行微分。

增量式编码器在码盘上均匀地刻制一定数量的光栅，码盘与电动机同轴，如图 2-51 所示。在码盘的两侧分别安装光源和光敏元件，当电动机旋转时，码盘随之一起转动。通过光栅的作用，持续打开或关闭光通路，利用光电转换原理控制接收装置中的光控三极管导通和关闭，因此，在接收装置的输出端得到频率与电动机转速成正比的方波脉冲序列，从而可以计算出电动机的转速。

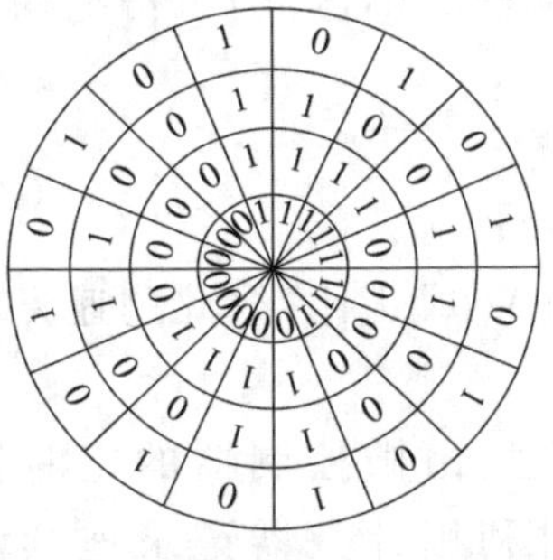

图 2-50　4 条码道的绝对式编码器

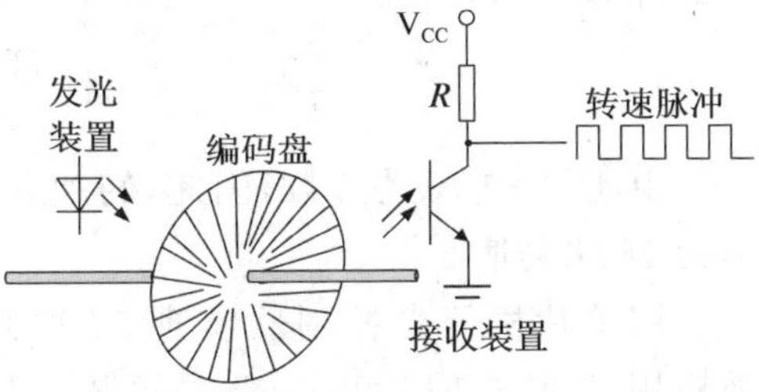

图 2-51　增量式旋转编码器示意图

上述脉冲序列能准确反映电动机的转速，但不能鉴别转向。为了判断转速的方向，可增加一对发光与接收装置，使两对发光与接收装置错开光栅节距的 1/4，则编码器转动时输出的两组脉冲序列 A 和 B 相位相差 90°，如图 2-52 所示。根据 A 和 B 在相位上的差别，通过鉴相电路就能辨别出电动机的旋转方向。正转时 A 相超前 B 相；反转时 B 相超前 A 相。因此，采用简单的鉴相电路就可以分辨出转向。

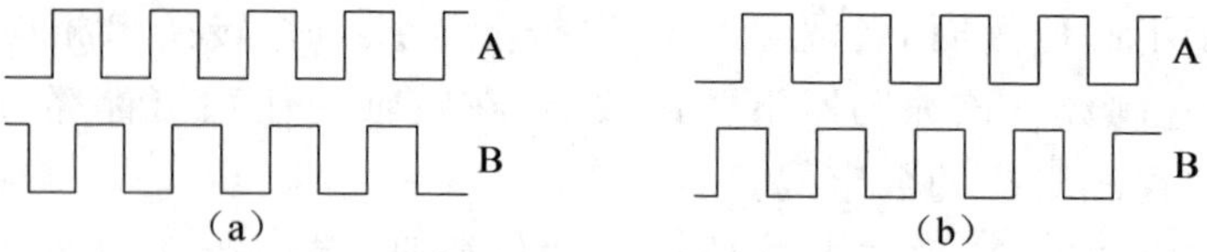

图 2-52 鉴别电动机转动方向的 A、B 两组脉冲序列

(a)电动机正转;(b)电动机反转

若码盘的光栅数为 N,则转速分辨率为 $1/N$,常用的增量式旋转编码器光栅数有 1 024、2 048、4 096 等。再增加光栅数,将大大增加旋转编码器的制作难度和成本。采用倍频电路可以有效地提高转速分辨率,而不增加旋转编码器的光栅数,一般多采用四倍频电路,大于四倍频则较难实现。

2.6.2.2 基于编码器的电动机数字测速

在一定的时间 T_c内测取旋转编码器输出的脉冲个数 M,用以计算这段时间内的转速,称作 M 法测速。将 M 除以 T_c就可得到旋转编码器输出脉冲的频率 $f=M/T_c$,所以又称频率法。电动机每转一圈共产生 Z 个脉冲(Z=倍频系数×编码器光栅数),把 f 除以 Z 就得到在单位时间内电动机的转速。由于时间 T_c单位为 s,而转速 n 单位为 r/min,因此,可得电动机转速的计算表达式为:

$$n=\frac{60M}{ZT_c} \tag{2-82}$$

由于 Z 和 T_c是常数,因此,转速 n 与计数值 M 成正比,故此测速方法被称为 M 法测速。

用单片机等微控制器实现 M 法测速的原理:由微控制器的定时器按采样周期 T_c定时发出一个采样脉冲信号,同时利用计数器记录连续两个采样脉冲信号之间直流电动机旋转编码器输出的脉冲个数 M,如图 2-53 所示。

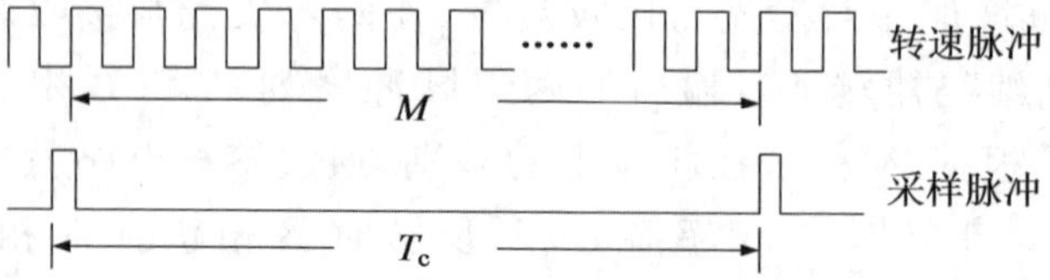

图 2-53 M 法测速原理示意图

由于脉冲计数器统计的是两个采样定时脉冲之间旋转编码器输出的脉冲个数，而编码器脉冲和采样脉冲的边沿很难保持同步，因此导致存在测速误差。用 M 法测速时，最大的测量误差是 1 个脉冲。

2.6.3 数字 PI 调节器

PI 调节器是电力拖动自动控制系统中最常用的一种控制器，在微机数字控制直流调速系统中，当采样频率足够高时，可以先按模拟系统的设计方法设计调节器，然后再离散化，得到数字控制器的算法，这就是模拟调节器的数字化。

若 PI 调节器的输入误差函数为 $e(t)$，输出函数为 $u(t)$，则在时域内 $u(t)$和 $e(t)$关系的表达式为：

$$u(t)=K_{\mathrm{p}}e(t)+\frac{1}{\tau}\int e(t)\mathrm{d}t=K_{\mathrm{p}}e(t)+K_{\mathrm{i}}\int e(t)\mathrm{d}t \tag{2-83}$$

式中，K_{p}——比例系数；

K_{i}——积分系数，$K_{\mathrm{i}}=1/\tau$。

将式(2-83)转换成差分方程，得数字 PI 调节器的表达式，在第 k 个采样时刻的输出为：

$$\begin{aligned}u(k)&=K_{\mathrm{p}}e(k)+K_{\mathrm{i}}T_{\mathrm{sam}}\sum_{i=1}^{k}e(i)=u_{\mathrm{p}}(k)+u_{\mathrm{i}}(k)\\&=K_{\mathrm{p}}e(k)+K_{\mathrm{i}}T_{\mathrm{sam}}e(k)+K_{\mathrm{i}}T_{\mathrm{sam}}\sum_{i=1}^{k-1}e(i)\\&=K_{\mathrm{p}}e(k)+K_{\mathrm{i}}T_{\mathrm{sam}}e(k)+u_{\mathrm{i}}(k-1)\end{aligned} \tag{2-84}$$

式中，T_{sam}——采样周期。

数字 PI 调节器有位置式和增量式两种算法，式(2-84)表述的差分方程为位置式算法，$u(k)$为第 k 个采样时刻的输出值。由等号右侧可以看出，比例部分只与当前的偏差有关，而积分部分则是系统过去所有偏差的累积。位置式 PI 调节器的结构清晰，比例(P)和积分(I)两部分作用分明，参数调整简单明了。

由式(2-84)可得 PI 调节器在第 $k-1$ 个采样时刻的输出为：

$$u(k-1)=K_{\mathrm{p}}e(k-1)+K_{\mathrm{i}}T_{\mathrm{sam}}\sum_{i=1}^{k-1}e(i) \tag{2-85}$$

由式(2-84)减去式(2-85),可得 PI 调节器输出增量为:

$$\Delta u(k)=u(k)-u(k-1)=K_{p}[e(k)-e(k-1)]+K_{i}T_{sam}e(k) \quad (2\text{-}86)$$

由(2-86)可知,增量式 PI 算法只需要当前采样时刻的偏差 $e(k)$ 和上一采样时刻的偏差 $e(k-1)$ 即可计算输出增量 $\Delta u(k)$。因此,由增量式 PI 算法计算当前采样时刻的输出量为:

$$\begin{aligned} u(k) &= u(k-1)+\Delta u(k) \\ &= u(k-1)+K_{p}[e(k)-e(k-1)]+K_{i}T_{sam}e(k) \end{aligned} \quad (2\text{-}87)$$

显然,还要在计算机或微控制器中保存上一采样时刻 PI 调节器的输出值 $u(k-1)$。

在调速系统起动或堵转过程中,由于电动机的实际转速较低,使得转速偏差较大,从而导致 PI 算法输出量迅速达到很大的值。但受到元器件和执行机构性能的限制,直流电动机的电枢电压和电枢电流都有额定值,不能超过设定的阈值,因此,需要对 PI 调节器的输出进行限幅。在数字 PI 算法中,若要对输出量 u 限幅,只需在程序内设置限幅值 $\pm u_{m}$,当第 k 个采样时刻输出量 $|u(k)|>u_{m}$ 时,便以限幅值 $\pm u_{m}$ 作为输出。不考虑限幅时,位置式 PI 和增量式 PI 两种算法完全等效,但若考虑限幅时,则两者略有差异。增量式 PI 算法只需对综合输出限幅,而位置式 PI 算法必须同时对积分部分输出限幅与综合输出限幅。若没有对积分项限幅,则积分项的输出可能很大,将产生过大的超调量和较长的退饱和时间,使得调速系统的响应实时性变差。

2.7 转速反馈控制直流调速系统的限流保护

2.7.1 转速反馈控制直流调速系统的过电流问题

转速反馈控制直流调速系统把转速作为系统的被调节量,检测误差、纠正误差,有效地解决了调速范围和静差率的矛盾,抑制直至消除扰动造成的影响。采用了比例积分调节器后,又能实现无静差。而数字控制又为提高调速精度提供了条件。然而,转速反馈控制的直流调速系统还存在一个问题,在直流电动机起、制动过程中和堵转状态时,必须限制电枢电流。

在转速反馈控制直流调速系统上突加给定电压时,由于惯性的作用,转速不能立即建立起来，反馈电压近似为零，使得偏差电压 $\Delta U_n=U_n^*$，故调节器的输出为 $K_pU_n^*$。这时，由于放大器和变换器的惯性都很小，电枢电压 U_d 立即达到最大值，电动机将以全压起动，从而造成过电流，显然是不允许的。

当直流电动机发生堵转时，也会遇到过电流问题。如挖土机由于机械故障或运行时碰到坚硬的石块，电动机会被堵转。根据系统的静特性，电流将远超过允许值。如果只依靠过电流继电器或熔断器来保护，一旦过电流就跳闸，也会给生产机械的正常工作带来不便。

因此，为了解决转速反馈控制直流调速系统在起动和堵转时电流过大的问题，系统中必须有自动限制电枢电流的环节。引入电流负反馈，可以使它不超过允许值。但希望这种作用只在电动机起动和堵转时存在，而在正常的稳速运行时取消，确保电流能随着负载的增减而变化。因此，将电流大到一定程度时才出现的电流负反馈，称作电流截止负反馈。

2.7.2 带电流截止负反馈的直流调速系统

2.7.2.1 电流截止负反馈环节

由 $n=(U_d-I_dR)/C_e$ 可知，U_d 不仅能控制转速 n，也能调节电流 I_d，因此，电流截止负反馈的反馈量也作用于调节器的输入 ΔU_n。直流调速系统中的电流截止负反馈环节如图 2-54 所示，电流反馈信号取自串入电动机电枢回路中的小阻值、高精度的采样电阻 R_s，压降 I_dR_s 正比于电枢电流。设 I_{dcr} 为临界的截止电流，当电枢电流大于 I_{dcr} 时，将电流负反馈信号加到放大器的输入端；而当电流小于 I_{dcr} 时，将电流反馈信号切断。为了实现这一作用，需引入比较电压 U_{com}。图 2-54(a)中利用独立的直流电源作为比较电压，其大小可通过电位器调节，相当于可平滑精确调节截止电流。在 I_dR_s 与 U_{com} 之间串接一个二极管 VD，当 $I_dR_s>U_{com}$ 时，二极管导通，电流负反馈信号 U_i 即可加到放大器上去；当 $I_dR_s<U_{com}$ 时，二极管截止，电流负反馈信号 U_i 即消失。显然，截止电流 $I_{dcr}=U_{com}/R_s$。而图 2-54(b)中利用稳压管 VS 的击穿电压作为比较电压 U_{com}，其电路要简单得多，但不能平滑调节截止电流值。

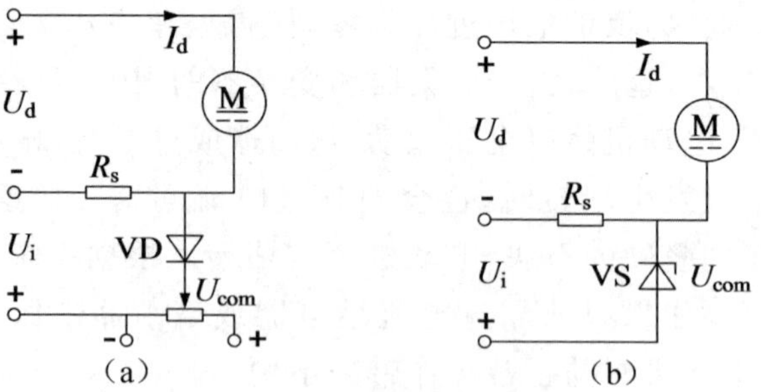

图 2-54 电流截止负反馈环节

(a)利用独立直流电源作为比较电压;(b)利用稳压管的击穿电压作为比较电压

电流截止负反馈环节的输入-输出特性如图 2-55 所示,当输入信号 $I_dR_s-U_{com}>0$ 时,电流负反馈信号 $U_i=I_dR_s-U_{com}$;当 $I_dR_s-U_{com}\leqslant 0$ 时,电流负反馈信号 $U_i=0$。显然,它是一个两段线性环节,将其画在方框中,再与直流调速系统其他部分的框图连接起来,即得带电流截止负反馈的闭环直流调速系统稳态结构框图,如图 2-56 所示,其中 U_i表示电流负反馈,U_n表示转速负反馈。

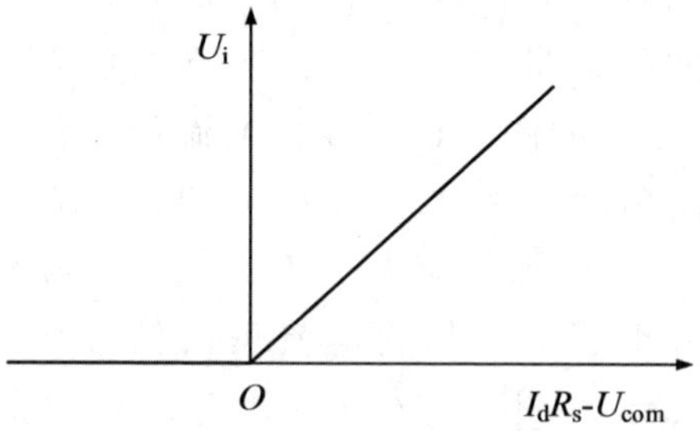

图 2-55 电流截止负反馈环节的输入-输出特性

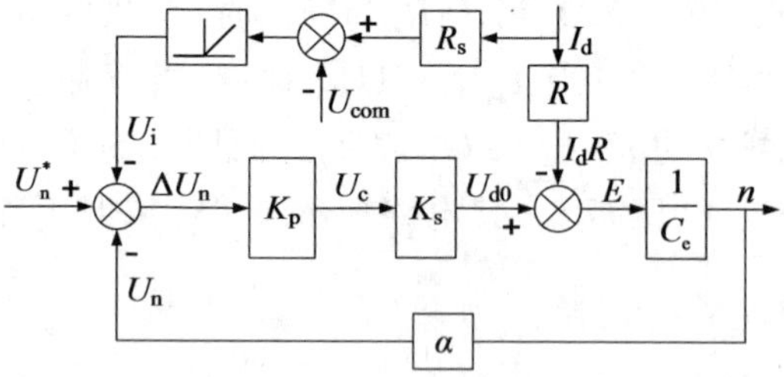

图 2-56 带电流截止负反馈的闭环直流调速系统稳态结构框图

2.7.2.2　电流截止负反馈比例控制直流调速系统的静特性

在图 2-56 所示带电流截止负反馈的闭环直流调速系统稳态结构图中，当 $I_d \leqslant I_{dcr}$ 时，电流负反馈被截止，静特性与只有转速负反馈的调速系统相同，其表达式如式(2-39)，即：

$$n = \frac{K_p K_s U_n^*}{C_e(1+K)} - \frac{I_d R}{C_e(1+K)}$$

当 $I_d > I_{dcr}$ 后，引入了电流负反馈，静特性变成：

$$\begin{aligned} n &= \frac{K_p K_s U_n^*}{C_e(1+K)} - \frac{K_p K_s}{C_e(1+K)}(R_s I_d - U_{com}) - \frac{I_d R}{C_e(1+K)} \\ &= \frac{K_p K_s (U_n^* + U_{com})}{C_e(1+K)} - \frac{(R + K_p K_s R_s) I_d}{C_e(1+K)} \end{aligned} \tag{2-88}$$

对应式(2-39)和式(2-88)的静特性如图 2-57 所示，电流负反馈被截止的式(2-39)相当于图中 AB 段，它就是闭环调速系统本身的静特性，显然是比较硬的。而电流负反馈起作用后，相当于图中的 BC 段。从式(2-88)可以看出，BC 段特性和 AB 段相比有两个特点：

(1)电流负反馈的作用相当于在主电路中串入一个大电阻 $K_p K_s R_s$，因而稳态速降很大，使特性急剧下垂。

(2)比较电压 U_{com} 与给定电压 U_n^* 的作用类似，相当于把理想空载转速提高到 n_0'，其表达式为：

$$n_0' = \frac{K_p K_s (U_n^* + U_{com})}{C_e(1+K)} \tag{2-89}$$

即把 n_0' 提高到图 2-57 中的 D 点。当然，虚线表示的 BD 段实际上并不存在。

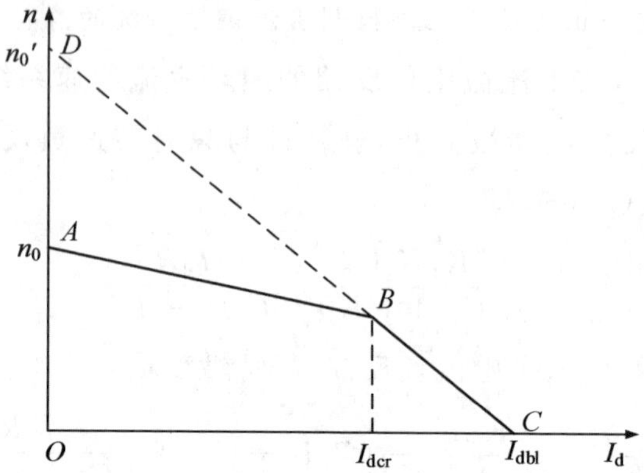

图 2-57 带电流截止负反馈的比例控制闭环直流调速系统静特性

该两段式静特性常称作下垂特性或挖土机特性。当挖土机遇到坚硬的石块而过载时，即使电动机停转，电流最大也只是堵转电流 I_{dbl}，在式(2-88)中，令 $n=0$，可得堵转电流 I_{dbl} 的表达式为：

$$I_{dbl}=\frac{K_pK_s(U_n^*+U_{com})}{R+K_pK_sR_s} \tag{2-90}$$

一般 $K_pK_sR_s \gg R$，因此，式(2-90)可简化为

$$I_{dbl}\approx\frac{U_n^*+U_{com}}{R_s} \tag{2-91}$$

堵转电流 I_{dbl} 应小于电动机允许的最大电流，一般为$(1.5\sim2)I_N$。此外，从调速系统的稳态性能考虑，希望 AB 段的运行范围足够大，截止电流 I_{dcr} 应大于电动机的额定电流，例如，取 $I_{dcr}\geqslant(1.1\sim1.2)I_N$。这些就是设计电流截止负反馈环节参数的依据。结合比较电压 $U_{com}=I_{dcr}R_s$，若取 $I_{dbl}=1.5I_N$，$I_{dcr}=1.2I_N$，将其代入式(2-91)，可得电流采样电阻 R_s 的估算表达式为：

$$R_s>\frac{U_n^*}{0.3I_N} \tag{2-92}$$

2.7.2.3 带电流截止负反馈的无静差直流调速系统

图 2-58 是带电流截止负反馈的无静差直流调速系统，通过运算放大器构成的模拟 PI 调节器以实现无静差调速，采用电流截止负反馈环节来限制电枢电流。图中，TA 为检测电流的交流互感器，经整流后得到电流反馈信号 U_i。

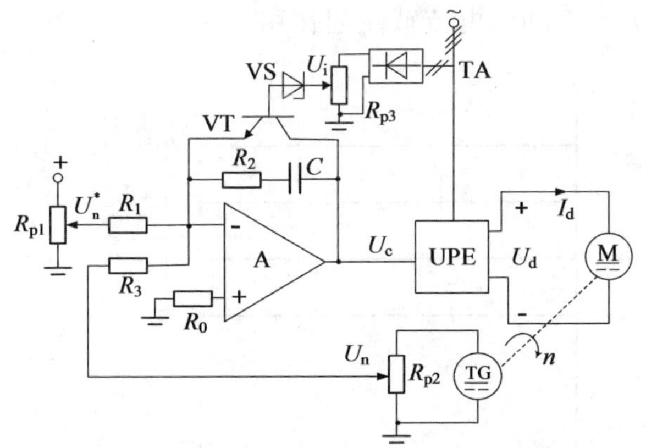

图 2-58 带电流截止负反馈的无静差直流调速系统

当电流达到截止电流 I_{dcr} 时，U_i 大于稳压管 VS 的击穿电压，使 NPN 型晶体管 VT 导通，忽略晶体管 VT 的导通压降，则 PI 调节器的输出电压 U_c 等于运放负极的电压，结合运算放大器两输入端虚短的特点，可知此时 U_c 为零，因此，电力电子变换器 UPE 的输出电压 U_d 也为零，相当于切断了电枢电压，达到限制电流的目的。

当电动机的电枢电流小于截止值时，该调速系统的稳态结构框图如图 2-59 所示，其中代表 PI 调节器的方框中无法用放大系数表示，故只画出它的输出特性，以表明是比例积分作用。需要注意的是，当电枢电流大于截止值时，电流截止负反馈环节起作用，使得直流电动机的电枢电压为零，相当于转速负反馈、PI 调节器和 UPE 都不起作用，此时调速系统处于限流保护状态，转速一直在动态变化。

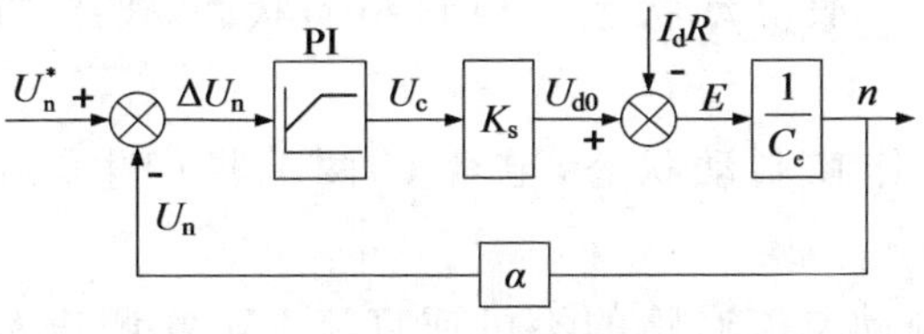

图 2-59 带电流截止负反馈的无静差直流调速系统稳态结构框图（$I_d < I_{dcr}$）

带电流截止负反馈的无静差直流调速系统的理想静特性如图 2-60 所示。当 $I_d < I_{dcr}$ 时，系统正常工作实现无静差调速，静特性是不同转速的一

组水平线。当 $I_d = I_{dcr}$ 时，电流截止起作用。

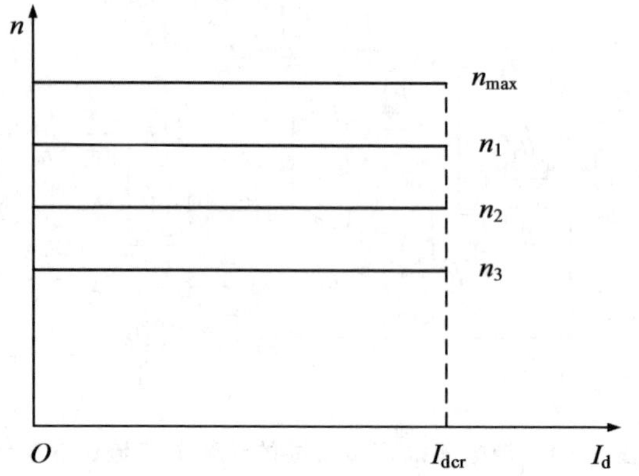

图 2-60　带电流截止负反馈的无静差直流调速系统的静特性

练习题

1.由直流电动机的稳态转速表达式 $n=(U-IR)/K_e\varphi$ 可知，直流电动机的主要调速方法有哪三种？它们各有什么特点？

2.请比较晶闸管-电动机（V-M）调速系统（图 2-12）和直流 PWM 变换器-电动机调速系统（图 2-24）的机械特性曲线，简述两者的主要区别和特点。

3.有制动电流通路的不可逆 PWM 变换器-直流电动机调速系统的电路如图 2-18 所示，请回答下列问题：

（1）若系统工作在制动状态，VT_1 和 VD_2 为什么始终处于关闭状态？

（2）若系统从一般电动状态切换到制动状态，需要如何操作？并简述原理。

（3）若系统工作在制动状态，电容 C 两端将产生泵升电压，请解释其原因。

4.请简述带制动电流通路的不可逆直流 PWM 调速系统工作在制动状态时，泵升电压产生的原因。同时，请分析图 2-27 中限制泵升电压的工作原理。

5.请结合图 2-40 所示系统闭环静特性和开环机械特性的关系，分析与开环调速系统相比，采用比例控制的闭环直流调速系统中稳态速降减少的实质。

6.在图 2-54 所示带电流截止负反馈的直流调速系统中，(a)图使用独立的直流电源作为比较电压，(b)图使用稳压管的击穿电压作为比较电压，请简要分析这两种比较电压电路的优缺点。

7.请根据图 2-58 所示带电流截止的无静差直流调速系统结构图，分析当电动机因堵转导致电枢电流 I_d过大时系统限流保护的工作原理。

8.调速系统的调速范围是 1 200～100 r/min，若要求静差率 $s=5\%$，那么系统允许的稳态转速降落 Δn 是多少？

9.有一调速系统，它的最高转速为 $n_{0\max}=1\ 200$ r/min，最低转速为 $n_{0\min}=120$ r/min，若在额定负载下的速度降落 $\Delta n_N=20$ r/min，且在不同转速下转速降落 Δn 不变，请问系统调速范围 D 有多大？系统的静差率 s 是多少？

10.直流电动机阻 $P_N=74$ kW，$U_N=220$ V，$I_N=378$ A，$n_N=1\ 430$ r/min，$R_a=0.023\ \Omega$，晶闸管整流器内 $R_s=0.022\ \Omega$。采用降压调速，当生产机械要求 $s=20\%$时，求系统的调速范围。如果 $s=30\%$时，则系统的调速范围又为多少？

11.某龙门刨床工作台采用晶闸管整流器-电动机调速系统。已知直流电动机 $P_N=60$ kW，$U_N=220$ V，$I_N=305$ A，$n_N=1\ 000$ r/min，主电路总电阻 $R=0.18\ \Omega$，$C_e=0.2$ V·min/r，求：

(1)当电流连续时，在额定负载下的转速降落 Δn_N为多少？

(2)开环系统机械特性连续段在额定转速时的静差率 s_N为多少？

(3)额定负载下的转速降落 Δn_N为多少时才能满足 $D=20$，$s\leqslant 5\%$的要求？

12.转速闭环调速系统的调速范围是 1 500～150 r/min，要求系统的静差率 $s\leqslant 5\%$，那么系统允许的静态速降是多少？如果开环系统的静态速降是 100 r/min，则闭环系统的开环放大倍数应有多大？

13.转速闭环调速系统的开环放大倍数为 15 时，额定负载下电动机的速降为 8 r/min，如果将开环放大倍数提高到 30，它的速降为多少？在同样静差率要求下，调速范围可以扩大多少倍？

14.有一 V-M 调速系统：电动机参数 $P_N=2.2$ kW,$U_N=220$ V,$I_N=12.5$ A,$n_N=1\ 500$ r/min,电枢电阻 $R_a=1.5\ \Omega$,电枢回路电抗器电阻 $R_L=0.8\ \Omega$,整流装置内阻 $R_{rec}=1.0\ \Omega$,触发整流环节的放大倍数 $K_s=35$。要求系统满足调速范围 $D=20$,静差率 $s\leqslant10\%$。

(1)计算开环系统的静态速降 Δn_{op} 和调速要求所允许的闭环静态速降 Δn_{cl}。

(2)采用转速负反馈组成闭环系统,试画出系统的原理图和静态结构图。

(3)调整该系统参数,使当 $U_n^*=15$ V 时,$I_d=I_N$,$n=n_N$,则转速负反馈系数 α 应该是多少?

(4)计算放大器所需的放大倍数。

15.有一个晶闸管-电动机调速系统,已知:电动机 $P_N=2.8$ kW,$U_N=220$ V,$I_N=15.6$ A,$n_N=1\ 500$ r/min,$R_a=1.5\ \Omega$,整流装置内阻 $R_{rec}=1.0\ \Omega$,电枢回路电抗器电阻 $R_L=0.8\ \Omega$,触发整流环节的放大倍数 $K_s=35$。

(1)系统开环工作时,试计算调速范围 $D=30$ 时的静差率 s。

(2)当 $D=30$,$s=10\%$时,计算系统允许的稳态速降。

(3)如组成转速负反馈有静差调速系统,要求 $D=30$,$s=10\%$,在 $U_n^*=10$ V 时 $I_d=I_N$,$n=n_N$,计算转速负反馈系数 α 和放大器放大系数 K_p。

3　转速、电流反馈控制的直流调速系统

3.1　转速、电流反馈控制的直流调速系统的组成及其静特性

3.1.1　转速、电流反馈控制的直流调速系统的组成

第 2 章讨论的转速反馈控制直流调速系统(以下简称单闭环系统)采用 PI 调节器实现转速稳态无静差,消除负载转矩等扰动对稳态转速的影响,并通过电流截止负反馈限制电枢电流的冲击,避免出现过电流现象。如图 3-1(a)所示,转速单闭环系统存在以下问题:①用一个调节器综合多种信号,各参数间相互影响;②环内的任何扰动,只有等到转速出现偏差才能进行调节,因而转速动态降落大;③不能充分利用电动机的过载能力获得最快的动态响应,不能充分按照理想要求控制电流(电磁转矩)的动态过程。

对于经常需要正、反转运行的调速系统,如龙门刨床、可逆轧钢机等,缩短起、制动过程的时间是提高生产率的重要因素。因此,在起动(或制动)过渡过程中,希望始终保持电流(电磁转矩)为允许的最大值,使调速系统以最大的加(减)速度运行。当到达稳态转速时,最好使电流立即降下来,使电磁转矩与负载转矩相平衡,从而迅速转入稳态运行。这类理想的起动(制动)过程如图 3-1(b)所示,起动电流呈矩形波,转速按线性增长。这是在最大电流(转矩)受限制时调速系统所能获得的最快的起动(制动)过程。

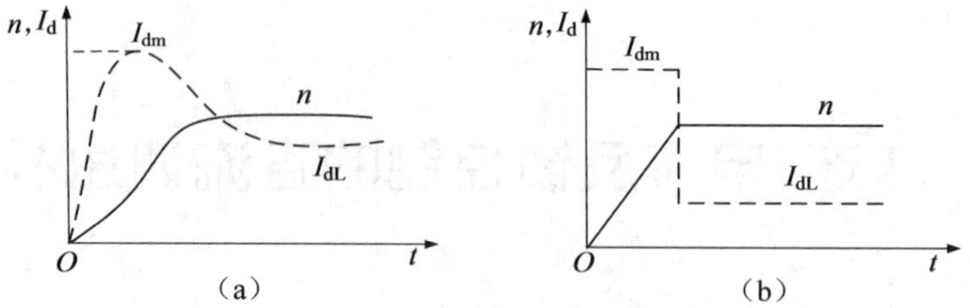

图 3-1 两种电流控制的直流调速系统起动过程

(a)带电流截止负反馈的起动过程;(b)时间最优的理想起动过程

实际上,由于调速系统中主电路电感的作用,电枢电流不可能突变,为了实现在允许条件下的最快起动,关键是要获得一段使电流保持为最大值 I_{dm} 的恒流过程。按照反馈控制规律,采用某个物理量的负反馈就可以保持该参数基本不变,因此,采用电流负反馈应该能够得到近似的恒流过程。但是,希望在起动过程中只有电流负反馈,而转速负反馈不起作用,当转速达到稳态后,只要转速负反馈,而电流负反馈不再发挥主要作用。如何能实现这种既存在转速负反馈和电流负反馈,又让它们分别在不同的阶段发挥作用呢?只用一个调节器显然是不可能的,采用转速和电流两个调节器应该能实现,关键是他们在系统中如何连接。

因此,为了获得近似理想的过渡过程,并克服几个信号综合在一个调节器输入端的缺点,最好的方法就是将主要被调量(转速)与辅助被调量(电流)分开进行控制,用两个调节器分别调节转速和电流,构成转速、电流双闭环直流调速系统。为了使转速和电流两种负反馈分别起作用,可在系统中设置两个调节器,分别引入转速负反馈和电流负反馈以调节转速和电流,二者之间实行嵌套(或称串级)连接,如图 3-2 所示,其中,TA 为电流互感器,TG 为测速发电机。把转速调节器 ASR 的输出当作电流调节器 ACR 的输入,再用电流调节器 ACR 的输出控制电力电子变换器 UPE。从闭环结构上看,电流环在里面,称作内环;而转速环在外边,称作外环。因此构成了转速、电流反馈控制直流调速系统(以下简称"双闭环直流调速系统")。系统稳速时以外环为主而稳转速;在起动(制动)时外环饱和,内环起主要作用以稳电流。

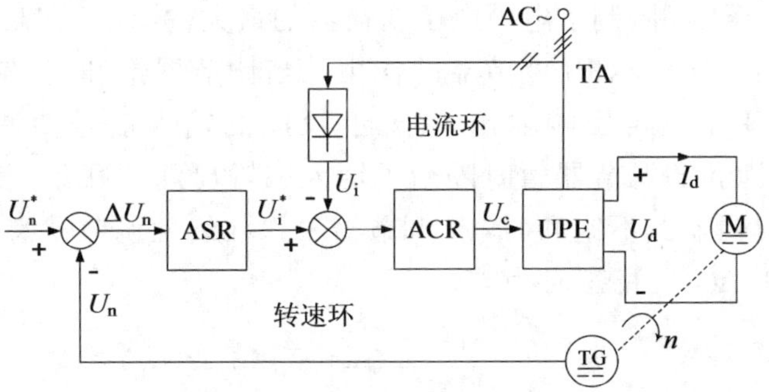

图 3-2　转速、电流反馈控制直流调速系统示意图

为了直流调速系统能够获得良好的静态和动态性能，转速和电流两个调节器都采用基于运算放大器的模拟 PI 调节器，构成图 3-3 所示的双闭环直流调速系统的电路结构图。图中标出了两个调节器输入、输出电压的实际极性，它们是按照电力电子变换器的控制电压 U_c 为正电压时标出的，并考虑到了运算放大器的倒相作用。

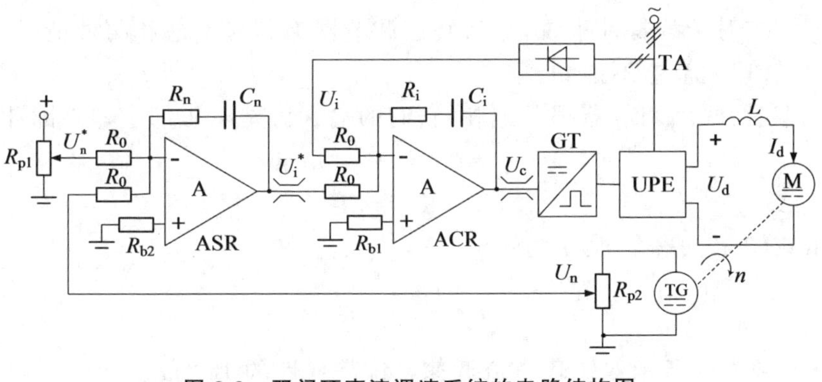

图 3-3　双闭环直流调速系统的电路结构图

3.1.2　稳态结构图与参数计算

3.1.2.1　稳态结构图和静特性

双闭环直流调速系统的稳态结构如图 3-4 所示，两个调节器均采用带限幅作用的 PI 调节器，其中，α 为转速反馈系数，β 为电流反馈系数。转速调节器 ASR 的输出限幅电压 U_{im}^* 决定了电流给定的最大值，电流调节器 ACR

的输出限幅电压U_{cm}限制了电力电子变换器的最大输出电压U_{dm}，图 3-4 中用带限幅的输出特性表示 PI 调节器的作用。当调节器饱和时，输出达到限幅值，输入量的变化不再影响输出，除非有反向的输入信号使调节器退出饱和。换言之，饱和的调节器暂时隔断了输入和输出间的联系，相当于使该调节环开环。当调节器不饱和时，PI 调节器工作在线性调节状态，其作用是使输入偏差电压 ΔU 在稳态时为零。

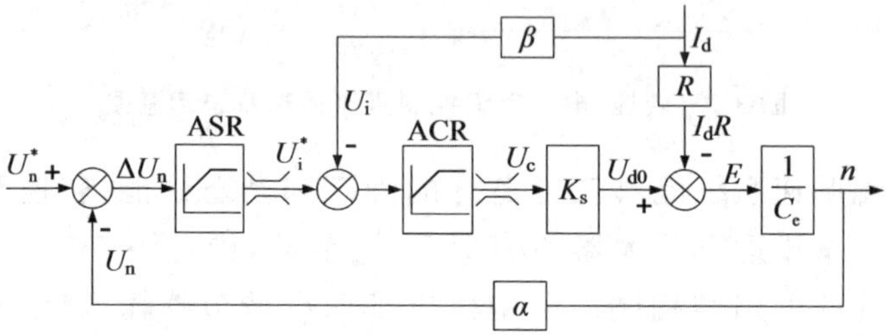

图 3-4　双闭环直流调速系统的稳态结构图

为了实现电流的实时控制和快速跟随，希望电流调节器不要进入饱和状态，因此，对于静特性来说，只有转速调节器饱和与不饱和两种情况。

(1)转速调节器不饱和。

稳态时，两个调节器都不饱和，它们的输入偏差电压都是零。因此：

$$U_n^* = U_n = \alpha n = \alpha n_0 \tag{3-1}$$

$$U_i^* = U_i = \beta I_d \tag{3-2}$$

由式(3-1)可得转速 n 为：

$$n = \frac{U_n^*}{\alpha} = n_0 \tag{3-3}$$

从而得到图 3-5 所示双闭环直流调速系统静特性的 BC 段。

由于 ASR 不饱和，$U_i^* < U_{im}^*$，由式(3-2)可知：$I_d < I_{dm}$。换言之，BC 段静特性从理想空载状态的 I_d 一直延续到 $I_d = I_{dm}$，而 I_{dm} 一般都大于额定电流 I_{dN}。这就是静特性的运行段，它是水平的特性。

(2)转速调节器饱和。

ASR 输出达到限幅值 U_{im}^* 时，转速外环呈开环状态，转速的变化对转速环不再产生影响，双闭环直流调速系统变成一个电流无静差的单电流闭环调节系统。稳态时：

$$I_d = \frac{U_{im}^*}{\beta} = I_{dm} \tag{3-4}$$

式中，最大电流 I_{dm} 是由设计者确定的，取决于电动机的容许过载能力和系统要求的最大加速度。式(3-4)所描述的静特性是图 3-5 中的 CA 段，它是垂直的特性。该下垂特性只适合于 $n<n_0$ 的情况，因为如果 $n>n_0$，则 $U_n>U_n^*$，ASR 将退出饱和状态。

双闭环直流调速系统的静特性在负载电流小于 I_{dm} 时转速 n 无静差，转速负反馈起主要调节作用。当负载电流达到 I_{dm} 时，转速调节器输出饱和值 U_{im}^*，电流调节器发挥主要作用，系统表现为电流无静差，起到过电流的自动保护作用。这就是采用两个 PI 调节器分别构成内、外闭环的控制效果。

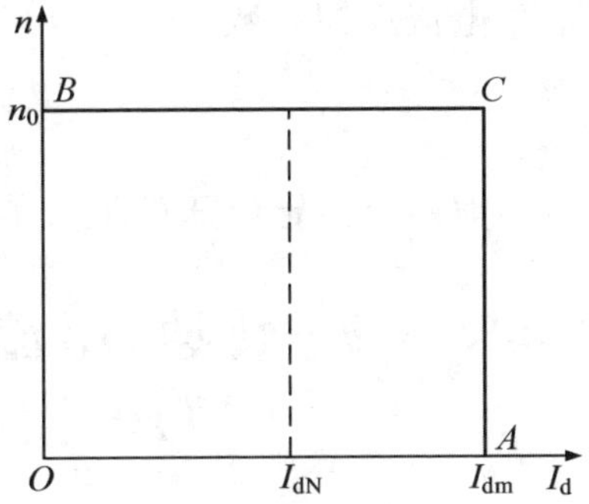

图 3-5 双闭环直流调速系统的静特性

图 3-5 也反映了 ASR 调节器退出饱和的条件。当 ASR 处于饱和状态时，满足 $I_d=I_{dm}$；若负载电流减小，则 $I_d<I_{dm}$，转速将上升，导致 $n>n_0$，$\Delta n<0$，使得 ASR 进行反向积分而退出饱和状态，回到线性调节状态，系统将工作在静特性的 BC 段。

3.1.2.2 各变量的稳态工作点和稳态参数计算

由图 3-4 可以看出，双闭环直流调速系统在稳态工作中，当两个调节器都不饱和时，除式(3-1)外，各变量之间还满足下列关系：

$$U_i^* = U_i = \beta I_d = \beta I_{dL} \tag{3-5}$$

$$U_c = \frac{U_{d0}}{K_s} = \frac{C_e n + I_d R}{K_s} = \frac{C_e U_n^* / \alpha + I_{dL} R}{K_s} \tag{3-6}$$

上述关系式表明，调速系统稳态时，转速 n 由给定电压 U_n^* 决定，ASR 的输出量 U_i^* 由负载电流 I_{dL} 决定，而控制电压 U_c 的大小则同时取决于 n 和 I_d，或者同时取决于 U_n^* 和 I_{dL}。这些关系反映了 PI 调节器不同于 P 调节器的特点。P 调节器的输出量总是正比于其输入量的，而 PI 调节器则不然，其饱和输出为限幅值，而非饱和输出的稳态值取决于输入量的积分，它最终将使控制对象的输出达到其给定值，使 PI 调节器的输入误差信号为零，否则

PI 调节器仍将继续积分，并未到达稳态。

双闭环直流调速系统的稳态参数计算与单闭环无静差直流调速系统的稳态计算相似，即根据各调节器的给定值与反馈值计算相关的反馈系数：

转速反馈系数

$$\alpha=\frac{U_{nm}^*}{n_{max}} \tag{3-7}$$

电流反馈系数

$$\beta=\frac{U_{im}^*}{I_{dm}} \tag{3-8}$$

而两个给定电压的最大值 U_{nm}^* 和 U_{im}^* 由设计者选定。

3.2 转速、电流反馈控制直流调速系统的数学模型与动态过程分析

3.2.1 转速、电流反馈控制直流调速系统的数学模型

双闭环直流调速系统的动态结构图如图 3-6 所示，其中 $W_{ASR}(s)$ 和 $W_{ACR}(s)$ 分别表示转速 PI 调节器和电流 PI 调节器的传递函数，如式(2-64)所示，根据控制要求分别确定转速和电流 PI 调节器的参数。为了引入电流负反馈，在直流电动机的动态结构框图中必须把电枢电流 I_d 显现出来。

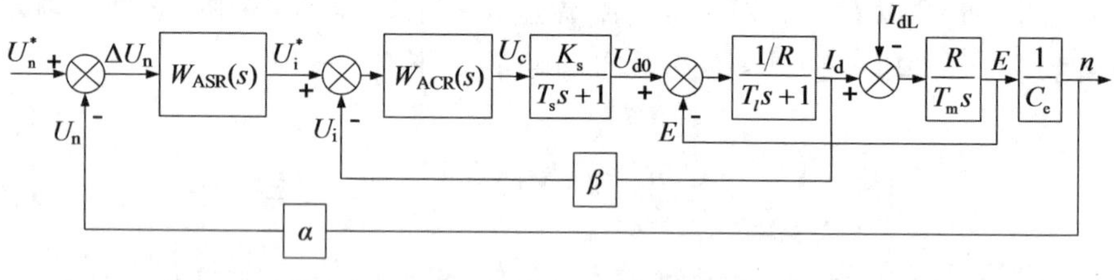

图 3-6 双闭环直流调速系统的动态结构图

3.2.2 转速、电流反馈控制直流调速系统的动态过程分析

3.2.2.1 起动过程分析

对调速系统而言，被控制的对象是转速。它的跟随性能可以用阶跃给

定下的动态响应描述，图 3-7 描绘了时间最优的理想过渡过程。能否实现期望的恒加速过程，并以时间最优的形式达到所要求的性能指标，是设置双闭环控制的一个重要的追求目标。

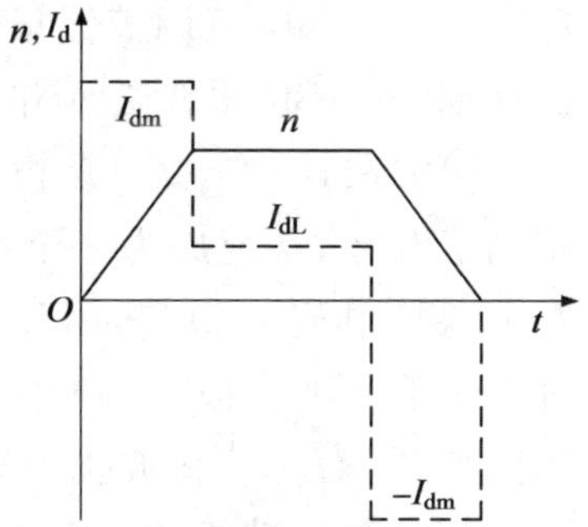

图 3-7 时间最优的理想过渡过程

在恒定负载条件下，转速变化的过程与电动机的电磁转矩（或电流）有关，对电动机起动过程 $n=f(t)$ 的分析离不开对 $I_d(t)$ 的研究。图 3-8 是双闭环直流调速系统在带有负载（对应负载电流 I_{dL}）条件下起动过程的转速和电流波形。

从图 3-8 可以看到，电流 I_d 从零增加到 I_{dm}，然后一段时间内维持在 I_{dm} 不变，之后又下降并经调节后到达稳态值 I_{dL}。转速波形先是缓慢升速，然后以恒加速上升，产生超调后，到达给定值 n^*。从电流与转速变化过程所反映出的特点可以把直流电动机的起动过程分为电流上升（Ⅰ）、恒流升速（Ⅱ）和转速调节（Ⅲ）三个阶段，转速调节器在这三个阶段中经历了快速进入饱和、饱和、退饱和三种状态，而电流调节器一直处于不饱和状态。

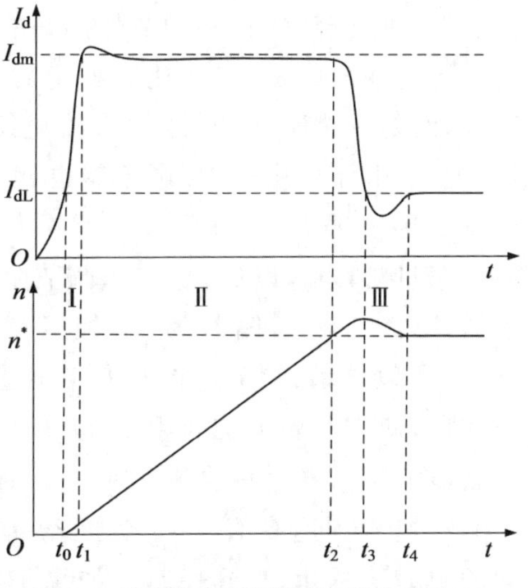

图 3-8 双闭环直流调速系统在带有负载条件下起动过程的转速和电流波形

第Ⅰ阶段（$0\sim t_1$）是电流上升阶段：突加给定电压 U_n^* 后，经过两个调节器的跟随作用，U_c、U_{d0}、I_d 都上升，但是在 $0\sim t_0$ 阶段，由于 I_d 没有达到负载电流 I_{dL}，故电动机不能起动，此时转速 n 为零。当 $I_d>I_{dL}$ 后，电动机开始起动，由于机电惯性的作用，转速不会很快增长，因而转速调节器 ASR 的输入偏差电压（$\Delta U_n=U_n^*-U_n$）仍较大，其输出电压很快达到限幅值 U_{im}^*，使得电枢电流 I_d 迅速上升。直到 $I_d\approx$

I_{dm}，$U_i \approx U_{im}^*$，电流调节器很快就压制了 I_d的增长，标志着这一阶段的结束。在这期间，ASR 很快进入并保持饱和状态，而 ACR 一般不饱和。

第Ⅱ阶段（$t_1 \sim t_2$）是恒流升速阶段：在该阶段，ASR 始终饱和，转速环相当于开环，系统成为一个在恒值电流给定 U_{im}^*作用下的电流调节系统，基本上保持电流 I_d恒定，因而系统的加速度恒定，转速呈线性增长，它是起动过程中的主要阶段。当阶跃扰动作用在 ACR 之后时，PI 调节器能够实现稳态无静差，而对于斜坡扰动则无法消除静差。在恒流升速阶段，电流闭环调节的扰动是电动机的反电动势 E，它随转速的上升而增大，它是一个线性渐增的斜坡扰动量，为了抑制该扰动，U_{d0}和 U_c也必须基本上按线性增长，才能保持 I_d恒定。由于 ACR 采用 PI 调节器，要使其输出量按线性增长，故其输入偏差电压必须维持一定的恒值，所以 I_d不能消除静差，而是略小于 I_{dm}。为了保证电流环的这种调节作用，在起动过程中 ACR 不能饱和。

需要注意的是，当转速 n 稳定后，反电动势 E 不再是线性递增的斜坡扰动量，而是一个不变的量，故直流电动机的电枢电压 U_d不需要保持线性增长，因此，电流环中的 PI 调节器也就不需要保持误差输入，所以稳态时电枢电流 I_d没有静差。

第Ⅲ阶段（t_2以后）是转速调节阶段：当转速上升到给定值 n^*时，转速调节器 ASR 的输入偏差为零，但其输出却由于积分作用还维持在限幅值 $U_{im}{}^*$，所以电动机仍在加速，使转速超调。转速超调后，ASR 的输入偏差电压变负，使它开始退出饱和状态，$U_i{}^*$和 I_d快速下降。但是，只要 I_d仍大于负载电流 I_{dL}，转速就会继续上升。直到 $I_d = I_{dL}$时，转矩 $T_e = T_L$，则 $dn/dt = 0$，转速 n 到达峰值（$t = t_3$）。此后，在 $t_3 \sim t_4$时间内，$I_d < I_{dL}$，电动机在负载的阻力下减速，直到稳态。如果 P_1 调节器的参数整定得不够好，可能有一段振荡过程。在转速调节阶段，ASR 和 ACR 都不饱和，ASR 起主导的转速调节作用，而 ACR 则力图使 I_d尽快地跟随其给定值 $U_i{}^*$，或者说，电流内环是一个电流跟随子系统。

综上所述，双闭环直流调速系统的起动过程有以下三个特点：

（1）饱和非线性控制。随着 ASR 的饱和与不饱和，整个系统处于完全不同的两种状态，在不同情况下表现为不同结构的线性系统，因此不能简单地用线性控制理论来分析整个起动过程，也不能简单地用线性控制理论来笼统地设计该控制系统，而只能采用分段的方法进行分析。

(2)转速超调。当转速调节器 ASR 采用 PI 调节器时，转速必然有超调。转速略有超调一般是允许的，对于完全不允许超调的情况，应采用其他控制措施来抑制超调。

(3)准时间最优控制。在设备物理上的允许条件下实现最短时间的控制称作“时间最优控制”，对于调速系统，在电动机允许过载能力限制下的恒流起动，就是时间最优控制。但由于在起动过程Ⅰ、Ⅲ两个阶段中电流不能突变，所以实际起动过程与理想起动过程相比还有一定差距，不过这两段时间只占全部起动过程中很小的部分，对全局影响不大，故称为“准时间最优控制”。

需特别指出的是，对于不可逆的电力电子变换器，双闭环控制只能保证良好的起动性能，却不能产生回馈制动，在制动时，当电流下降到零以后，只能自由停止。当需要加快制动时，只能采用电阻能耗制动或电磁抱闸。若要实现回馈制动，则可采用可逆的电力电子变换器。

3.2.2.2　动态抗扰性能分析

一般来说，双闭环直流调速系统具有比较满意的动态性能。对于调速系统，另一个重要的动态性能是抗扰性能，主要是抗负载扰动和抗电网电压扰动。

(1)抗负载扰动。由图 3-6 可以看出，负载扰动作用在电流环之后，因此只能靠转速调节器 ASR 来产生抗负载扰动的作用。在设计 ASR 时，应要求有较好的抗扰性能指标。

(2)抗电网电压扰动。电网电压变化也会对调速系统产生扰动作用。如图 3-9(a)所示，在转速单闭环调速系统中，ΔU_d和 I_{dL}都作用在被转速负反馈环包围的前向通道上，仅就表示转速稳态调节性能的静特性而言，系统对它们的抗扰效果是一样的。但从动态性能上看，由于扰动作用点不同，调节的实时性存在差别。负载扰动能够较快地反映到转速 n 上而得到调节，而电网电压扰动的作用点离被调量 n 稍远，调节作用受到延滞，因此，单闭环调速系统抵抗电压扰动的性能要差一些。

而在图 3-9(b)所示的转速、电流双闭环直流调速系统中，由于增设了电流闭环控制，使电压波动可以通过电流反馈得到比较及时的调节，不必等它影响到转速之后才反馈回来，因而抗扰性能得到了改善。因此，在双闭环调速系统中，由电网电压波动引起的转速变化比单闭环调速系统小得多。

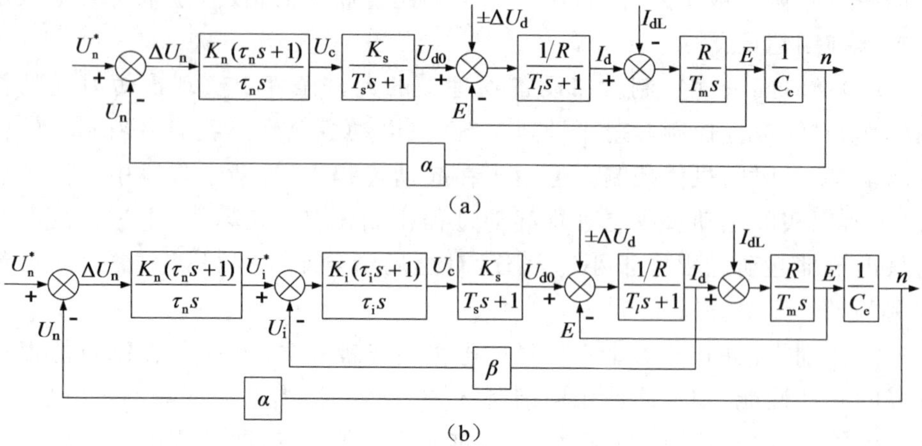

图 3-9　双闭环直流调速系统的动态抗扰作用

(a)转速单闭环调速系统；(b)转速、电流双闭环调速系统

综上所述，转速调节器和电流调节器在双闭环直流调速系统中的作用可归纳如下：

一是转速调节器的作用。

①转速调节器是调速系统的主导调节器，它使转速 n 很快地跟随给定电压 U_n^* 变化，稳态时可减小转速误差，如果采用 PI 调节器，则可实现无静差。

②对负载变化起抗扰作用。

③其输出限幅值决定电动机允许的最大电流。

二是电流调节器的作用。

①作为内环的调节器，在转速外环的调节过程中，它的作用是使电流紧紧跟随其给定电压 U_i^*（即外环调节器的输出量）变化。

②对电网电压的波动起及时抗扰的作用。

③在转速动态过程中，保证获得电动机允许的最大电流，从而加快动态过程。

④当电动机过载甚至堵转时，限制电枢电流的最大值，起快速的自动保

护作用。一旦故障消失,系统立即自动恢复正常。这个作用对系统的可靠运行来说是十分重要的。

3.3 按工程方法设计转速、电流反馈控制直流调速系统的调节器

用工程方法设计转速、电流反馈控制的直流调速系统的原则是先内环后外环。步骤是:首先从电流环(内环)开始,对其进行必要的变换和近似处理,然后根据电流环的控制要求确定把它校正成哪一类典型系统;其次按照控制对象确定电流调节器的类型;最后按动态性能指标要求确定电流调节器的参数。电流环设计完成后,把电流环等效成转速环(外环)的一个环节,再采用同样的方法设计转速环。

带滤波环节的转速、电流反馈控制直流调速系统的动态结构图如图 3-10 所示,它与图 3-6 的不同之处在于增加了滤波环节,包括电流滤波、转速滤波和两个给定信号的滤波环节,其中,T_{oi}为电流反馈滤波时间常数,T_{on}为转速反馈滤波时间常数。设置滤波环节是因为反馈信号检测中常含有谐波和其他扰动量,为了抑制各种扰动量对调速系统的影响,需增加低通滤波环节,该滤波环节的传递函数可用一阶惯性环节来表示,其滤波时间常数按需要选定。然而,在抑制扰动量的同时,滤波环节也延迟了反馈信号的作用,为了抵消这个延迟影响,在给定信号通道上也加入一个同等时间常数的惯性环节,称为给定滤波环节。其作用是让给定信号和反馈信号经过相同的延迟,使二者在时间上同步,下面在结构图简化时再进行详细分析。

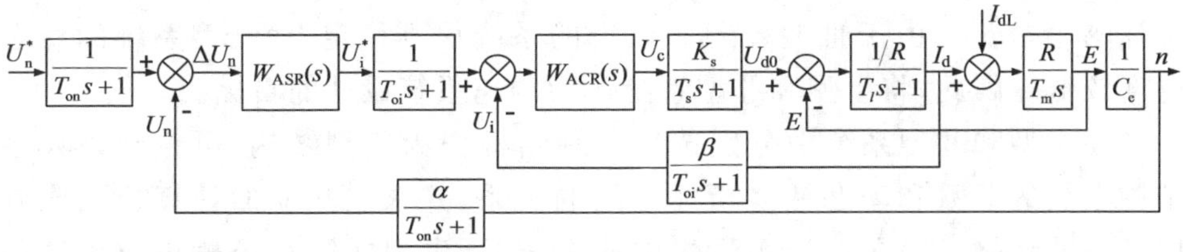

图 3-10 转速、电流反馈控制直流调速系统的动态结构图

3.3.1 调节器的工程设计方法

用经典的动态校正方法设计调节器须同时解决稳、准、快、抗干扰等各方面相互有矛盾的静、动态性能要求，需要设计者有扎实的理论基础和丰富的实践经验，而初学者不易掌握，于是有必要建立实用的设计方法。大多数现代的电力拖动自动控制系统均可由低阶系统近似。若事先深入研究低阶典型系统的特性并制成图表，那么将实际系统校正或简化成典型系统的形式再与图表对照，设计过程就简单多了。这样，就有了建立工程设计方法的可能性。

作为工程设计方法，首先要使问题简化，突出主要矛盾。简化的基本思路是，把调节器的设计过程分作两步：先选择调节器的结构，以确保系统稳定，同时满足所需的稳态精度；再选择调节器的参数，以满足动态性能指标的要求。

一般而言，控制系统的开环传递函数通式如下：

$$W(s)=\frac{K\prod_{i=1}^{m}(\tau_i s+1)}{s^r\prod_{j=1}^{n}(T_j s+1)} \tag{3-9}$$

式中，包含了比例环节、微分环节、积分环节和惯性环节。分母中的 s^r 项表示该系统在 $s=0$ 处有 r 重极点，或者说，系统含有 r 个积分环节，称作 r 型系统。

为了使系统对阶跃给定无静差，不能使用 0 型系统（$r=0$），至少是Ⅰ型系统（$r=1$）；当给定是斜坡输入量时，则要求是Ⅱ型系统（$r=2$）才能实现稳态无静差。因此，选择调节器的结构，确保系统能满足所需的稳态精度，是设计的第一步。由于Ⅲ型（$r=3$）以上的系统很难稳定，而 0 型系统的稳态精度较低。因此，将Ⅰ型和Ⅱ型系统作为调速系统设计的目标。

在Ⅰ型和Ⅱ型系统中分别选择一种结构作为典型结构，再找到该典型结构系统的参数和动态性能指标之间的关系，并求出相应的计算公式或制成备查的表格。而在设计实际的调速系统时，先把实际系统校正成备选的典型系统，然后按照上述典型系统的公式和表格中的数据计算具体的参数。

3.3.1.1　典型Ⅰ型系统

作为典型Ⅰ型系统，其开环传递函数选择为：

$$W(s)=\frac{K}{s(Ts+1)} \tag{3-10}$$

式中，T——系统的惯性时间常数；

K——系统的开环增益。

系统的开环频率特性的截止频率 ω_c 与开环增益 K 之间存在如下关系：

$$\omega_c=K$$

系统的开环增益 K 值越大，截止频率 ω_c 也越大，系统的响应速度越快，但系统的稳定性会变差，因此，在选择 K 值时要兼顾系统的快速性和稳定性。

典型Ⅰ型系统的闭环结构图如图 3-11 所示，其中，只有开环增益 K 和时间常数 T 两个参数，而时间常数 T 通常是被控对象本身固有的，故只需确定开环增益 K 即可。因此，在系统设计时，需要按照性能指标选择参数 K。

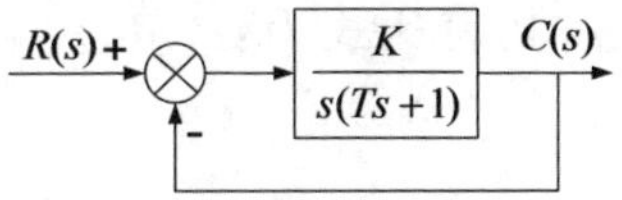

图 3-11　典型Ⅰ型系统的闭环结构图

典型Ⅰ型系统各项动态跟随性能指标与参数 KT 的关系如表 3-1 所示。由表中数据可知，当系统的时间常数 T 已知时，随着 K 的增大，系统的响应快速性提高，但稳定性变差。

表 3-1　典型Ⅰ型系统各项动态跟随性能指标与参数 KT 的关系

参数关系 KT	0.25	0.39	0.5	0.69	1.0
阻尼比 ξ	1.0	0.8	0.707	0.6	0.5
超调量 $\sigma/\%$	0	1.5	4.3	9.5	16.3
上升时间 t_r/T	∞	6.6	4.7	3.3	2.4
峰值时间 t_p/T	∞	8.3	6.2	4.7	3.6

根据表 3-1 的数据，可按以下几种具体情况选择系统的参数：

①如果要求系统的动态响应快，则可取 $\xi=0.5\sim0.6$，把 K 选大一些；

②如果要求系统的超调量较小，则可取 $\xi=0.8\sim1.0$，把 K 选小一些；

③如果要求系统无超调量，则取 $\xi=1.0$，即 $K=0.25/T$；

④如果无特殊要求，则可取折中值，即 $\xi=0.707$，$K=0.5/T$。

3.3.1.2 典型Ⅱ型系统

在各种Ⅱ型系统中，选择一种结构简单且能保证稳定的结构作为典型的Ⅱ型系统，其开环传递函数可表示为：

$$W(s)=\frac{K(\tau s+1)}{s^2(Ts+1)} \tag{3-11}$$

式中，T——系统惯性时间常数，是控制对象固有的；

K 和 τ——待定的系统参数。

典型Ⅱ型系统的闭环结构图如图 3-12 所示。

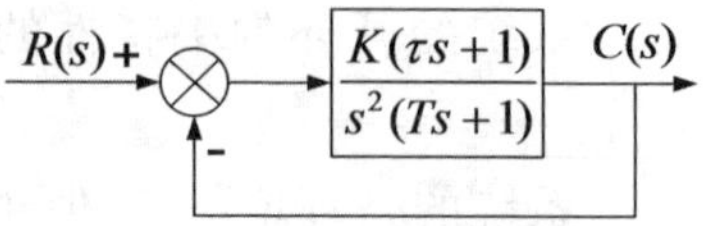

图 3-12 典型Ⅱ型系统的闭环结构图

为了便于分析，引入一个新的变量中频宽 h，其表达式为：

$$h=\frac{\tau}{T} \tag{3-12}$$

由于中频宽 h 的取值对调速系统的动态性能起着决定性作用，因此，中频宽 h 是调速系统中一个非常重要的参数。表 3-2 给出了中频宽 h 取不同值时典型Ⅱ型系统的阶跃输入动态跟随性能指标。

表 3-2 典型Ⅱ型系统的阶跃输入跟随性能指标

项目	h							
	3	4	5	6	7	8	9	10
超调量 σ/%	52.6	43.6	37.6	33.2	29.8	27.2	25.0	23.3
上升时间 t_r/T	2.40	2.65	2.85	3.00	3.10	3.20	3.30	3.35
调节时间 t_s/T	12.15	11.65	9.55	10.45	11.30	12.25	13.25	14.20
震荡次数 k	3	2	2	1	1	1	1	1

由于过渡过程的衰减振荡性质，调节时间随 h 的变化不是单调的，$h=5$ 时的调节时间最短。此外，h 减少时，上升时间快；h 增大时，超调量小。综合各项指标，以 $h=5$ 的动态跟随性能比较适中。对比表 3-1 和表 3-2 可知，典型Ⅱ型系统的超调量比典型Ⅰ型系统大，但系统响应的快速性要更好。

由式(3-12)可得 τ 关于中频宽 h 的表达式：

$$\tau=hT \tag{3-13}$$

此外，系统的开环增益 K 与中频宽 h 之间存在关系式

$$K=\frac{h+1}{2h^2T^2} \tag{3-14}$$

由于系统的时间常数 T 值一定，因此，在设计典型Ⅱ型系统时，先根据调速系统的动态性能指标要求，由表 3-2 确定中频宽 h 的值，再代入式(3-13)和(3-14)就可以得到典型Ⅱ型系统的参数 τ 和 K 的值。

典型Ⅰ型系统和典型Ⅱ型系统在稳态误差上有区别，典型Ⅰ型系统在跟随性能上可以做到超调量小，但抗扰性能稍差；而典型Ⅱ型系统的超调量相对较大，但抗扰性能比较好；因此，在设计双闭环调速系统时，电流环适合采用典型Ⅰ型系统，而转速环适合采用典型Ⅱ型系统。

3.3.1.3 控制对象的工程近似处理方法

实际控制系统的传递函数是各种各样的，往往不能简单地校正成典型系统，因此，需要做近似处理。下面讨论几种实际控制对象的工程近似处理方法。

(1)高频段小惯性环节的近似处理。

当高频段有多个小时间常数 T_1、T_2、T_3…的小惯性环节时，可以用一个小时间常数 T 的惯性环节等效代替，其等效时间常数为 $T=T_1+T_2+T_3+\cdots$。

当高频段有两个小惯性环节时，开环传递函数的近似表达式为：

$$W(s)=\frac{K}{s(T_1s+1)(T_2s+1)}\approx\frac{K}{s[(T_1+T_2)s+1]} \tag{3-15}$$

式中，T_1、T_2——小时间常数。

在该近似处理中，系统开环频率特性的截止频率 ω_c 需要满足约束条件：

$$\omega_c\leqslant\frac{1}{3}\sqrt{\frac{1}{T_1T_2}}$$

同理，如果系统有三个高频段小惯性环节，则其近似处理的表达式为：

$$W(s)=\frac{1}{(T_1s+1)(T_2s+1)(T_3s+1)}\approx\frac{1}{(T_1+T_2+T_3)s+1} \tag{3-16}$$

式中，T_1、T_2、T_3——小时间常数。

此时，系统开环频率特性的截止频率 ω_c 需要满足约束条件：

$$\omega_c \leqslant \frac{1}{3}\sqrt{\frac{1}{T_1T_2+T_2T_3+T_1T_3}}$$

据此可得结论：当系统有一组小惯性群时，在一定的条件下，可以将它们近似地看成一个小惯性环节，其时间常数等于小惯性群中各时间常数之和。

(2)高阶系统的降阶近似处理。

高频段小惯性环节的近似处理实际上是高阶系统降阶处理的一种特例，把多阶小惯性环节降为一阶小惯性环节。下面讨论一般情况下对具有高次项系统的降阶问题。以三阶系统为例，设系统的传递函数为：

$$W(s)=\frac{K}{as^3+bs^2+cs+1} \tag{3-17}$$

式中，a、b、c 都是正数，且 $bc>a$，即系统是稳定的。若能忽略高次项，则可得近似为一阶系统的传递函数：

$$W(s)\approx\frac{K}{cs+1} \tag{3-18}$$

该近似处理中，需要满足的约束条件为：

$$\omega_c \leqslant \frac{1}{3}\min\left(\sqrt{\frac{1}{b}},\sqrt{\frac{c}{a}}\right)$$

(3)低频段大惯性环节的近似处理。

当系统中存在一个时间常数特别大的惯性环节时，可以近似地将它看成积分环节，即：

$$\frac{1}{Ts+1}\Rightarrow\frac{1}{Ts}$$

3.3.2 电流调节器的设计

图 3-10 所示转速、电流反馈控制直流调速系统的动态结构图中，反电动势 E 与电流反馈的作用相互影响，这给系统设计带来麻烦。实际上，反电动势 E 与转速 n 成正比，它代表转速对电流环的影响。在一般情况下，系统的电磁时间常数 T_l 远小于机电时间常数 T_m，因此，转速的变化往往比电流变化慢得多。对电流环而言，反电动势 E 是一个变化较慢的扰动，在电流的瞬变过程中，可以认为反电动势基本不变，即 $\Delta E\approx 0$。因此，在按动态性能指

标设计电流环时，可以暂不考虑反电动势 E 变化的动态影响。也就是说，可以暂时把反电动势 E 的作用去掉，从而得到忽略反电动势 E 影响的电流环近似结构图，如图 3-13(a)所示。要忽略反电动势 E 对电流环的作用，电流环开环频率特性的截止频率 ω_{ci} 需要满足约束条件：

$$\omega_{ci} \geqslant 3\sqrt{\frac{1}{T_m T_l}}$$

如果把给定滤波和反馈滤波同时等效地移到环内前向通道上，再把给定信号改为 $U_i^*(s)/\beta$，则电流环便等效成单位负反馈系统，如图 3-13(b)所示，由此可以看出两个滤波时间常数取值相同的方便之处。

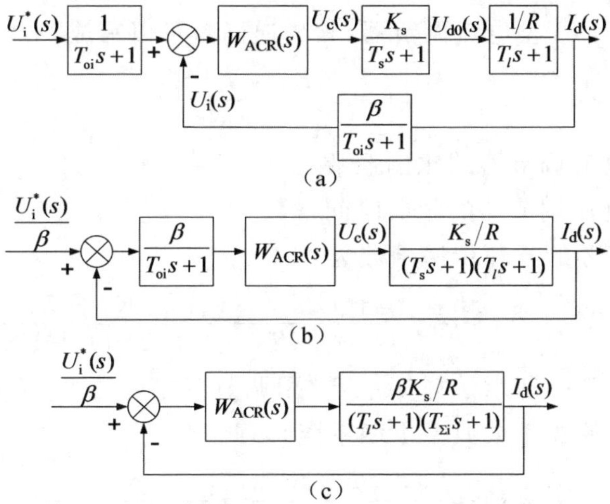

图 3-13 电流环的动态结构图及其等效变换

(a)忽略反电动势 E 的动态影响；(b)等效成单位负反馈系统；

(c)小惯性环节近似处理

由于 T_s 和 T_{oi} 一般都比 T_l 小得多，因此，可以利用小惯性环节的近似处理方法，将 T_s 和 T_{oi} 当作小惯性群而近似为一个惯性环节，其等效时间常数 $T_{\Sigma i}$ 为：

$$T_{\Sigma i} = T_s + T_{oi}$$

在小惯性环节的近似处理中，电流环开环频率特性的截止频率 ω_{ci} 需要满足的约束条件为：

$$\omega_{ci} \leqslant \frac{1}{3}\sqrt{\frac{1}{T_{oi}T_s}}$$

则电流环结构图可进一步等效成图 3-13(c)。

在设计电流调节器时，首先考虑应把电流环校正成哪一类典型系统。从稳态要求而言，希望电流无静差，以得到理想的堵转特性，从图 3-13(c)可以看出，采用Ⅰ型系统就能实现。再从动态要求上看，实际系统不允许电枢电流在突加控制作用时有太大的超调，以保证电流在动态过程中不超过允许值，而对电网电压波动的及时抗扰作用只是次要的因素，因此，电流环应以跟随性能为主，即应该选用典型Ⅰ型系统。

如图 3-13(c)所示，电流环的控制对象是两个时间常数相差较大的惯性对象。如果采用 PI 型电流调节器，其传递函数可以写成：

$$W_{ACR}(s) = \frac{K_i(\tau_i s + 1)}{\tau_i s}$$

式中，K_i——电流调节器的比例系数；

τ_i——电流调节器的超前时间常数。

因此，电流环的开环传递函数为：

$$W_{opi}(s) = \frac{K_i(\tau_i s + 1)}{\tau_i s} \frac{\beta K_s / R}{(T_l s + 1)(T_{\sum i} s + 1)}$$

由于 $T_l \gg T_{\Sigma i}$，所以选择 $\tau_i = T_l$，用调节器零点消去控制对象中大的时间常数极点，以便校正成典型Ⅰ型系统，因此：

$$W_{opi}(s) = \frac{K_i \beta K_s / R}{\tau_i s(T_{\sum i} s + 1)} = \frac{K_I}{s(T_{\sum i} s + 1)}$$

其中：

$$K_I = \frac{K_i K_s \beta}{\tau_i R} = \frac{K_i K_s \beta}{T_l R} \tag{3-19}$$

因此，校正成典型Ⅰ型系统的电流环动态结构图如图 3-14 所示。

一般情况下，电流的超调量 $\sigma_i \leqslant 5\%$，参照表 3-1 可选 $\xi = 0.707$，$K_I T_{\sum i} = 0.5$，则：

$$K_I = \frac{1}{2T_{\sum i}} \tag{3-20}$$

再由式(3-19)可得电流调节器的比例系数 K_i 表达式为：

$$K_i = \frac{T_l R}{2K_s \beta T_{\sum i}} = \frac{R}{2K_s\beta}\left(\frac{T_l}{T_{\sum i}}\right) \tag{3-21}$$

如果实际调速系统的跟随性能指标不同，则式(3-20)和式(3-21)需进行相应的调整。

含给定滤波与反馈滤波的模拟 PI 型电流调节器电路原理图如图 3-15 所示。图中 U_i^* 为电流对应的给定电压，$-\beta I_d$ 为电流负反馈电压，调节器的输出就是电力电子变换器的控制电压 U_c。

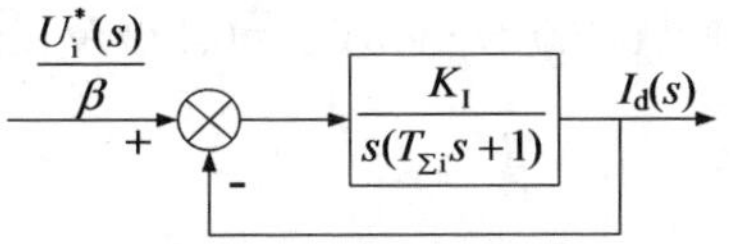

图 3-14 校正成典型Ⅰ型系统的电流环动态结构图

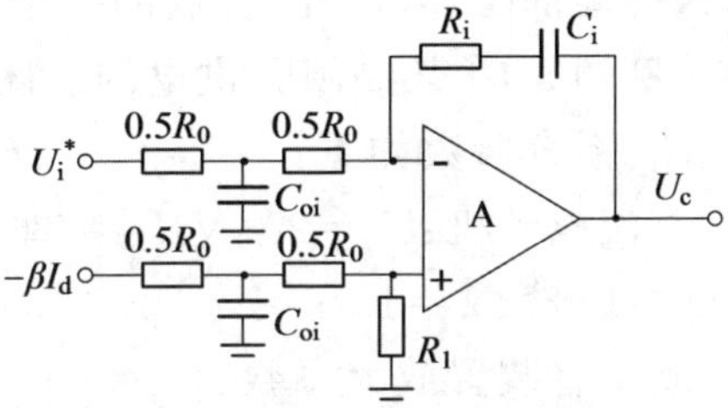

图 3-15 含给定滤波与反馈滤波的模拟 PI 型电流调节器电路原理图

根据运算放大器的工作原理，可以得到：

$$K_i = \frac{R_i}{R_0};\ \tau_i = R_i C_i;\ T_{oi} = \frac{1}{4}R_0 C_{oi}$$

从而计算出 PI 型电流调节器电路中相关元器件的参数值。如果采用微机控制的 PI 型电流调节器，可依照参数 K_i 和 τ_i 设计数字 PI 算法。

根据图 3-14，按照典型Ⅰ型系统设计的电流环，其闭环传递函数为：

$$W_{cli}(s) = \frac{I_d(s)}{U_i^*(s)/\beta} = \frac{\dfrac{K_I}{s(T_{\sum i}s+1)}}{1+\dfrac{K_I}{s(T_{\sum i}s+1)}} = \frac{1}{\dfrac{T_{\sum i}}{K_I}s^2+\dfrac{1}{K_I}s+1} \tag{3-22}$$

采用高阶系统的降阶近似处理方法，忽略式(3-22)分母中的高次项，$W_{cli}(s)$ 可降阶近似为：

$$W_{cli}(s) \approx \frac{1}{\dfrac{1}{K_I}s+1} \tag{3-23}$$

由图 3-10 可知，电流环的输入量应为 $U_i^*(s)$，因此，结合式(3-22)和式

(3-23)，电流环在转速环中可等效为：

$$\frac{I_d(s)}{U_i^*(s)}=\frac{W_{cli}(s)}{\beta}\approx\frac{\frac{1}{\beta}}{\frac{1}{K_I}s+1} \tag{3-24}$$

由式(3-24)可知，电流的闭环控制改变了控制对象，把双惯性环节近似等效成只有较小时间常数 $1/K_I$ 的一阶惯性环节，从而加快了电流的跟随作用，这是局部闭环(内环)控制的一个重要功能。

[例题 3-1] 某晶闸管供电的双闭环直流调速系统，整流装置采用三相桥式电路，系统参数如下：

直流电动机：$U_N=220$ V，$I_N=136$ A，$n_N=1\ 460$ r/min，$C_e=0.132$ V·min/r，允许过载倍数 $\lambda=1.5$；

晶闸管装置放大系数：$K_s=40$；

电枢回路总电阻：$R=0.5\ \Omega$；

时间常数：$T_l=0.03$ s，$T_m=0.18$ s；

电流反馈系数：$\beta=0.05$ V/A。

设计要求：设计电流调节器，要求电流的超调量 $\sigma_i\leqslant5\%$。

解 (1)确定时间常数。

① 整流装置滞后时间常数 T_s：查表 2-2 可知，三相桥式整流装置滞后时间常数 $T_s=0.001\ 7$ s。

② 电流滤波时间常数 T_{oi}：三相桥式电路每个波头的时间为 3.3 ms，为了基本滤平波头，取 $T_{oi}=2$ ms$=0.002$ s。

③ 电流环小时间常数之和 $T_{\Sigma i}$：按小时间常数近似处理方法，取 $T_{\Sigma i}=T_s+T_{oi}=0.001\ 7+0.002=0.003\ 7$ s。

(2)选择电流调节器结构。

根据设计要求 $\sigma_i\leqslant5\%$，并确保电流稳态无静差，按典型Ⅰ型系统设计电流调节器。电流环控制对象是双惯性型的，因此可采用 PI 型电流调节器。

(3)计算电流调节器各参数值。

电流调节器超前时间常数：$\tau_i=T_l=0.03$ s。

电流环开环增益 K_I：当电流超调量 $\sigma_i\leqslant5\%$，查表 3-1 可知，应取 $K_IT_{\Sigma i}=$

0.5，因此：

$$K_{\mathrm{I}}=\frac{0.5}{T_{\sum\mathrm{i}}}=\frac{0.5}{0.0037}\approx 135.1(\mathrm{s}^{-1})$$

于是，由式(3-19)可得PI型电流调节器的比例系数K_{i}为：

$$K_{\mathrm{i}}=\frac{K_{\mathrm{I}}\tau_{\mathrm{i}}R}{K_{\mathrm{s}}\beta}=\frac{135.1\times 0.03\times 0.5}{40\times 0.05}\approx 1.013(\mathrm{s}^{-1})$$

(4)校验近似条件。

电流环截止频率：$\omega_{\mathrm{ci}}=K_{\mathrm{I}}=135.1(\mathrm{s}^{-1})$

① 校验晶闸管整流装置传递函数的近似条件：

$$\frac{1}{3T_{\mathrm{s}}}=\frac{1}{3\times 0.0017}\approx 196.1\ (\mathrm{s}^{-1})>\omega_{\mathrm{ci}}\quad 满足近似条件$$

② 校验忽略反电动势变化对电流环动态影响的条件：

$$3\sqrt{\frac{1}{T_{\mathrm{m}}T_{l}}}=3\times\sqrt{\frac{1}{0.18\times 0.03}}\approx 40.82(\mathrm{s}^{-1})<\omega_{\mathrm{ci}}\quad 满足近似条件$$

③ 校验电流环小时间常数近似处理条件

$$\frac{1}{3}\sqrt{\frac{1}{T_{\mathrm{m}}T_{l}}}=\frac{1}{3}\times\sqrt{\frac{1}{0.0017\times 0.002}}\approx 180.8(\mathrm{s}^{-1})>\omega_{\mathrm{ci}}\quad 满足近似条件$$

(5)计算PI型电流调节器的电阻和电容值。

电流调节器电路原理图如图3-15所示，按所用运算放大器取$R_0=40\ \mathrm{k\Omega}$，各电阻和电容值计算如下：

$$R_{\mathrm{i}}=K_{\mathrm{i}}R_0=1.013\times 40=40.52(\mathrm{k\Omega})\quad 取\ 40\ \mathrm{k\Omega}$$

$$C_{\mathrm{i}}=\frac{\tau_{\mathrm{i}}}{R_{\mathrm{i}}}=\frac{0.03}{40\times 10^3}=0.75\times 10^{-6}=0.75(\mu\mathrm{F})\quad 取\ 0.75\ \mu\mathrm{F}$$

$$C_{\mathrm{oi}}=\frac{4T_{\mathrm{oi}}}{R_0}=\frac{4\times 0.002}{40\times 10^3}=0.2\times 10^{-6}=0.2(\mu\mathrm{F})\quad 取\ 0.2\ \mu\mathrm{F}$$

按照上述参数，电流环可以达到的动态跟随性能指标——超调量为：

$$\sigma_{\mathrm{i}}=4.3\%<5\%\quad 满足设计条件$$

3.3.3 转速调节器的设计

用电流环的等效传递函数代替图3-10中的电流环后，转速反馈控制直流调速系统的动态结构图如图3-16(a)所示。

与电流环类似，把转速给定滤波和反馈滤波同时等效移到环内前向通道上，并将给定信号改成$U_n^*(s)/\alpha$，再将时间常数为$1/K_I$和T_{on}的两个小惯性环节合并，近似成一个时间常数为$T_{\sum n}$的惯性环节，即：

$$T_{\sum n}=\frac{1}{K_I}+T_{on}$$

因此，转速环的动态结构图可等效转化成如图 3-16(b)所示。

为了实现转速无静差，在负载扰动作用点前面必须有一个积分环节，它应该包含在转速调节器 ASR 中，如图 3-16(b)所示，由于在扰动作用点后面已经有了一个积分环节，因此，转速环开环传递函数共有两个积分环节，所以应该设计成典型Ⅱ型系统。对于其阶跃响应超调量较大的问题，因为是按照线性系统理论计算的数据，而实际系统中转速调节器的饱和非线性性质会使超调量大幅降低。由此可知，ASR 也应该采用 PI 调节器，其传递函数为：

$$W_{ASR}(s)=\frac{K_n(\tau_n s+1)}{\tau_n s}$$

式中，K_n——转速调节器的比例系数；

τ_n——转速调节器的超前时间常数。

因此，调速系统的开环传递函数为：

$$W_n(s)=\frac{K_n(\tau_n s+1)}{\tau_n s}\cdot\frac{\dfrac{\alpha R}{\beta}}{C_e T_m s(T_{\sum n}s+1)}=\frac{K_n\alpha R(\tau_n s+1)}{\tau_n\beta C_e T_m s^2(T_{\sum n}s+1)}$$

令转速环开环增益K_N为：

$$K_N=\frac{K_n\alpha R}{\tau_n\beta C_e T_m} \tag{3-25}$$

则有：

$$W_n(s)=\frac{K_N(\tau_n s+1)}{s^2(T_{\sum n}s+1)}$$

若不考虑负载扰动的影响，则校正后的调速系统动态结构图如图 3-16(c)所示。

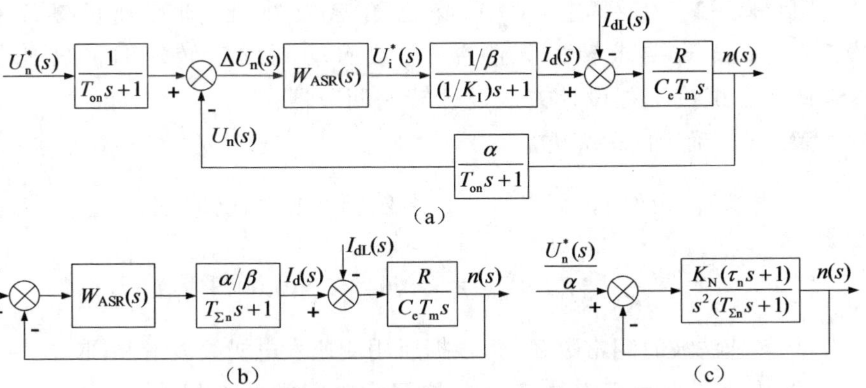

图 3-16　转速环的动态结构图及其等效变换

(a)用等效传递函数代替电流环；(b)等效成单位负反馈系统和小惯性的近似处理；(c)校正成典型Ⅱ型系统

转速调节器的待定参数为 K_n 和 τ_n。根据典型Ⅱ型系统的参数关系式(3-13)和式(3-14)，应有

$$\tau_n = hT_{\sum n} \tag{3-26}$$

$$K_N = \frac{h+1}{2h^2 T_{\sum n}^2} \tag{3-27}$$

由式(3-25)和式(3-27)可得转速调节器的比例系数 K_n 为：

$$K_n = \frac{(h+1)\beta C_e T_m}{2h\alpha R T_{\sum n}} \tag{3-28}$$

由表 3-2 可知，中频宽 h 的取值由调速系统动态性能指标的要求决定，若无特殊要求，一般取中频宽 $h=5$。

含给定滤波与反馈滤波的 PI 型转速调节器电路原理图如图 3-17 所示，图中 U_n^* 为转速给定电压，$-\alpha n$ 为转速反馈电压，调节器的输出是电流调节器的给定电压 U_i^*。与电流调节器相似，PI 型转速调节器的参数与电阻、电容值的关系为：

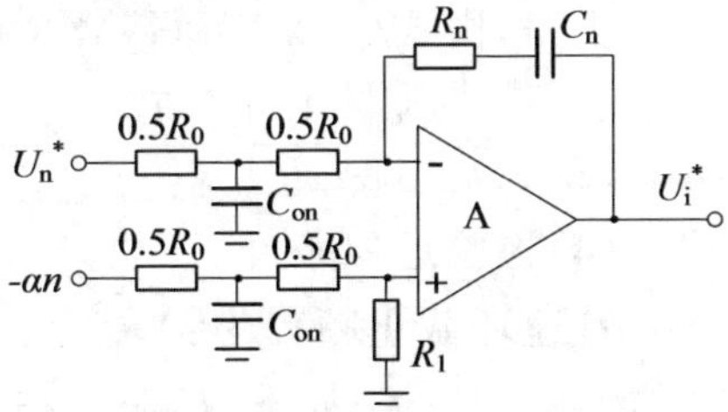

图 3-17　含给定滤波与反馈滤波的 PI 型转速调节器电器原理图

$$K_n = \frac{R_n}{R_0};\tau_n = R_n C_n;T_{on} = \frac{1}{4}R_0 C_{on}$$

[**例题 3-2**] 在例题 3-1 中，除已给参数外，已知转速反馈系数 $\alpha=0.07\ \text{V}\cdot\text{min/r}$，要求转速无静差，空载起动到额定转速时的转速超调量 $\sigma_n\leqslant 10\%$。试按工程设计方法设计转速调节器。

解 (1)确定时间常数。

① 电流环等效时间常数 $\frac{1}{K_I}$。在例题 3-1 中，已取 $K_I T_{\Sigma i}=0.5$，则：

$$\frac{1}{K_I}=2T_{\sum i}=2\times 0.003\,7=0.007\,4(\text{s})$$

② 转速滤波时间常数 T_{on}。根据所用测速发电机纹波情况，取 $T_{on}=0.01$ s。

③ 转速环小时间常数 $T_{\Sigma n}$。按照小时间常数近似处理方法，可得：

$$T_{\sum n}=\frac{1}{K_I}+T_{on}=0.007\,4+0.01=0.017\,4(\text{s})$$

(2)选择转速调节器的结构。

按照设计要求，转速调节器的结构选用 PI 调节器。

(3)计算转速调节器的参数。

按照跟随性能和抗扰性能都较好的原则，对照表 3-2 取中频宽 $h=5$，则 ASR 的超前时间常数 τ_n 为：

$$\tau_n=hT_{\sum n}=5\times 0.017\,4=0.087(\text{s})$$

由式(3-25)可得转速环开环增益 K_N 为：

$$K_N=\frac{h+1}{2h^2T_{\sum n}^2}=\frac{6}{2\times 5^2\times 0.017\,4^2}\approx 396.4(\text{s}^{-2})$$

于是，由式(3-28)可得 ASR 的比例系数 K_n 为

$$K_n=\frac{(h+1)\beta C_e T_m}{2h\alpha R T_{\sum n}}=\frac{6\times 0.05\times 0.132\times 0.18}{2\times 5\times 0.007\times 0.5\times 0.017\,4}\approx 11.7$$

(4)检验近似条件。

转速环截止频率为：

$$\omega_{cn}=K_N\tau_n=396.4\times 0.087\approx 34.5(\text{s}^{-1})$$

① 电流环传递函数简化条件：

$$\frac{1}{3}\sqrt{\frac{K_I}{T_{\sum i}}}=\frac{1}{3}\sqrt{\frac{135.1}{0.003\,7}}\approx 63.7(\text{s}^{-1})>\omega_{cn}\quad \text{满足简化条件}$$

② 转速环小时间常数近似处理条件：

$$\frac{1}{3}\sqrt{\frac{K_I}{T_{on}}}=\frac{1}{3}\sqrt{\frac{135.1}{0.01}}\approx 38.7(s^{-1})>\omega_{cn}\quad 满足近似条件$$

(5)计算调节器的电阻和电容值。

PI 型转速调节器电路原理图如图 3-17 所示，取 $R_0=40\ k\Omega$，则有：

$$R_n=K_nR_0=11.7\times 40=468(k\Omega)\quad 取\ 470\ k\Omega$$

$$C_n=\frac{\tau_n}{R_n}=\frac{0.087}{470\times 10^3}\approx 0.185\times 10^{-6}=0.185(\mu F)\quad 取\ 0.2\ \mu F$$

$$C_{on}=\frac{4T_{on}}{R_n}=\frac{4\times 0.01}{40\times 10^3}\approx 1\times 10^{-6}=1(\mu F)\quad 取\ 1\ \mu F$$

练习题

1.带电流截止环节的转速反馈控制直流调速系统和转速、电流反馈控制直流调速系统的起动过程如图 3-1 所示，请比较两种调速系统起动过程的优缺点。

2.在恒流起动过程中，电枢电流能否达到最大值 I_{dm}？为什么？

3.双闭环直流调速系统中，给定电压 U_n^* 不变，增加转速负反馈系数 α，系统稳定后转速反馈电压 U_n 和实际转速 n 是增加、减小还是不变？为什么？

4.在转速、电流双闭环直流调速系统中，若要改变电动机的转速，应调节什么参数？改变转速调节器的放大倍数 K_n 行不行？改变电力电子变换器的放大倍数 K_s 行不行？改变转速反馈系数 α 行不行？若要改变电动机的堵转电流，应调节系统中的什么参数？

5.双闭环直流调速系统的稳态结构图如图 3-4 所示，其中转速调节器 ASR、电流调节器 ACR 输出端加入饱和限幅器有什么作用？它们的限幅值分别如何确定？

6.双闭环直流调速系统的 ASR 和 ACR 均为 PI 调节器，设系统最大给定电压 $U_{nm}^*=15\ V$，$n_N=1\ 500\ r/min$，$I_N=20\ A$，电流过载倍数为 2，电枢回路总电阻 $R=2\ \Omega$，$K_s=20$，$C_e=0.127\ V\cdot min/r$，求：

(1)当系统稳定运行在 $U_n^*=5\ V$，$I_{dL}=10\ A$ 时，系统的 n、U_n、U_i^*、U_i 和 U_c 各为多少？

(2)当电动机负载过大而堵转时，U_i 和 U_c 各为多少？

7.在转速、电流双闭环直流调速系统中，两个调节器 ASR 和 ACR 均采用 PI 调节器。已知参数：电动机 $P_N=3.7\ kW$，$U_N=220\ V$，$I_N=20\ A$，

n_N=1 000 r/min，电枢回路总电阻 R=1.5 Ω；设 $U_{nm}^*=U_{im}^*=U_{cm}=8$ V，电枢回路最大电流 I_{dm}=40 A，电力电子变换器的放大系数 K_s=40。试求：

(1)电流反馈系数 β 和转速反馈系数 α。

(2)当电动机在最高转速发生堵转时的 U_{d0}、U_i^*、U_i、U_c值。

8.在转速、电流双闭环直流调速系统中，调节器 ASR 和 ACR 均采用 PI 调节器。当 ASR 输出达到时 U_{im}^*=8 V，主电路电流达到最大电流 80 A。当负载电流由 40 A 增加到 70 A 时，试问：

(1)U_i^* 应如何变化？

(2)U_c应如何变化？

(3)U_c值由哪些条件决定？

9.在一个转速、电流双闭环 V-M 调速系统中，转速调节器 ASR、电流调节器 ACR 均采用 PI 调节器。在此系统中，当转速给定信号最大值 U_{nm}^*=15 V 时，$n=n_N$=1 500 r/min；电流给定信号最大值 U_{im}^*=10 V 时，允许最大电流 I_{dm}=30 A，电枢回路总电阻 R=2 Ω，晶闸管装置的放大倍数 K_s=30，电动机额定电流 I_N=20 A，电动势系数 C_e=0.128 V·min/r。现系统在 U_n^*=5 V、I_{dL}=20 A 时稳定运行。求此时的稳态转速 n，ACR 的输出电压 U_c。

10.在一个由三相零式晶闸管整流装置供电的转速、电流双闭环直流调速系统中，已知电动机的额定数据为：P_N=60 kW，U_N=220 V，I_N=308 A，n_N=1 000 r/min，电动势系数 C_e=0.196 V·min/r，主回路总电阻 R=0.18 Ω，触发整流环节的放大倍数 K_s=35，电磁时间常数 T_l=0.012 s，T_m=0.12 s，机电时间常数 T_m=0.12 s，电流反馈滤波时间常数 T_{oi}=0.002 5 s，转速反馈滤波时间常数 T_{on}=0.015 s，额定转速时的给定电压 U_n^*=10 V，调节器 ASR、ACR 饱和输出电压 U_{im}^*=8 V，U_{cm}=6.5 V。系统的静、动态指标为：稳态无静差，调速范围 D=10，电流超调量 $\sigma_i \leqslant 5\%$，空载起动到额定转速时的转速超调量 $\sigma_n \leqslant 10\%$，试求：

(1)确定电流反馈系数 β(假设起动电流限制在 $1.1I_N$以内)和转速反馈系数 α。

(2)试设计电流调节器 ACR，计算其参数 R_i、C_i、C_{oi}。画出其电路图，调节器输入回路电阻 R_0=40 kΩ。

(3)设计转速调节器 ASR，计算其参数 R_n、C_n、C_{on}。(R_0=40 kΩ)

(4)计算电动机带 40% 额定负载起动到最低转速时的转速超调量 σ_n。

4　课程实验和课程设计

4.1　实验一——基于 MATLAB 的调速系统建模与仿真

一、实验目的

(1)掌握利用 MATLAB 中的 Simulink 模块建立直流调速系统的仿真模型并进行仿真实验的方法。

(2)学会利用 MATLAB 语言及其库函数编程处理仿真实验数据,绘制和编辑相关参数的相应曲线等。

二、实验设备和软件

电脑、MATLAB 软件。

三、实验内容

在 MATLAB 软件的 Simulink 模块中,先用可视化的结构图按照系统各功能模块的传递函数建立运动控制系统的仿真模型,再通过 Simulink 界面中的菜单启动系统的仿真过程,然后将仿真结果显示在示波器上,同时将关键参数的仿真数据导出至 Workspace 窗口以便后续对实验数据进行处理和分析。

四、实验步骤

(1)打开 MATLAB 软件中的 Simulink 模块通常有两种方式,方式一:单击 MATLAB 命令窗口工具栏中的 Simulink 图标,如图 4-1 所示;方式二:

在 MATLAB 的命令窗口“Command Window”中直接输入“SIMULINK”命令，打开 Simulink 模块窗口，如图 4-2 所示。

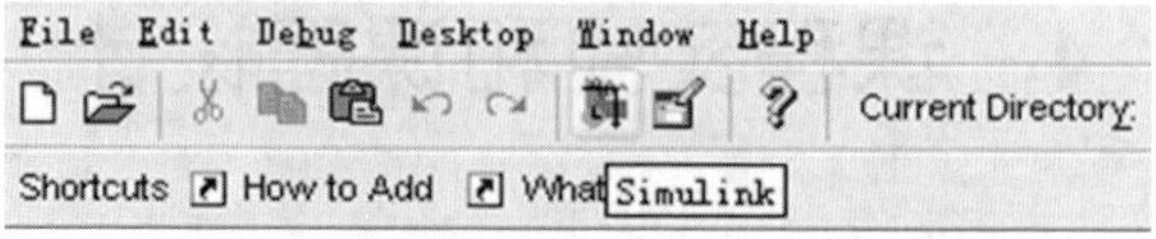

图 4-1 MATLAB 窗口工具栏的 Simulink 图标

(2)打开图 4-2 所示的 Simulink 模块编辑窗口：通过单击 Simulink 工具栏中新模型的图标 或选择“File→New→Model”菜单项建立一个新的名为“＊＊＊.mdl”的模型文件，注意文件的后缀为“.mdl”。

(3)从 Simulink 模块的相关子模块库中复制系统所需的函数模块：双击图 4-2 中左侧相关子模块库图标，则可打开它，用鼠标左键选中所需的子函数模块，直接拖入模型编辑窗口。

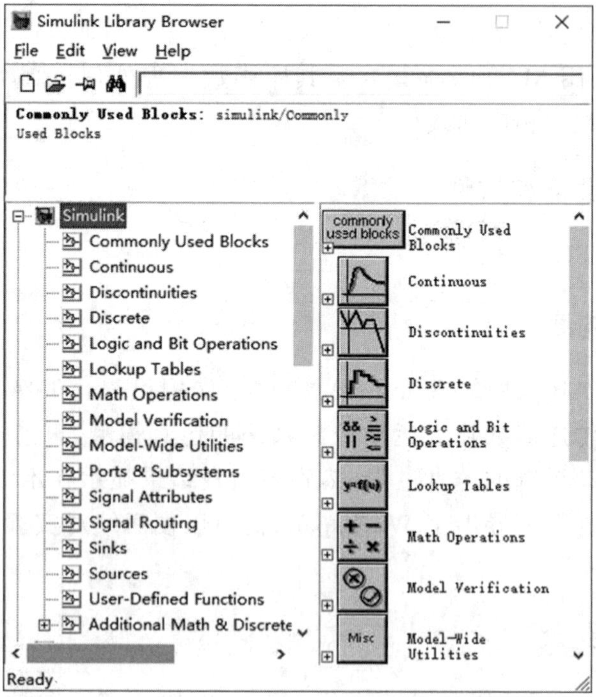

图 4-2 Simulink 模块窗口

(4)修改模块参数:双击模块图案,则出现关于该图案的对话框,通过修改对话框内容来设定模块的参数。下面以 Source 组中的 Step(阶跃输入)模块(图 4-3);Math Operations 组中的 Sum(加法器)模块(图 4-4)和 Gain(增益)模块(图 4-5);Continuous 组中的 Transfer Fcn(传递函数)模块(图 4-6)和 Integrator(积分器)模块(图 4-7)为例进行说明。

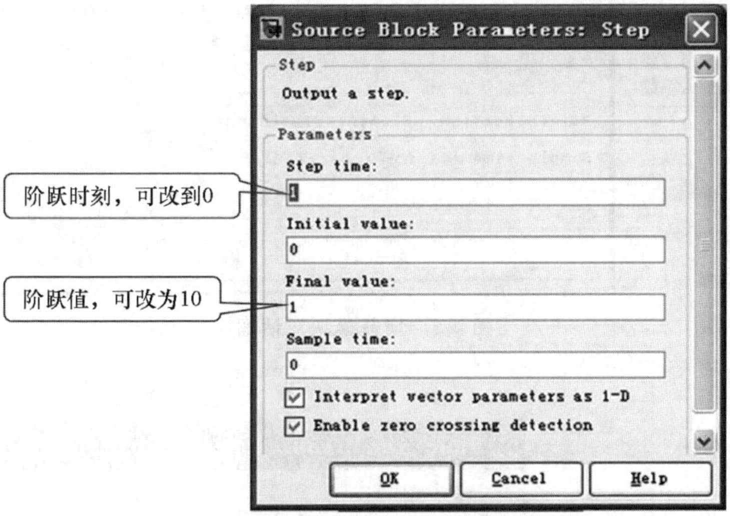

图 4-3 阶跃输入模块对话框

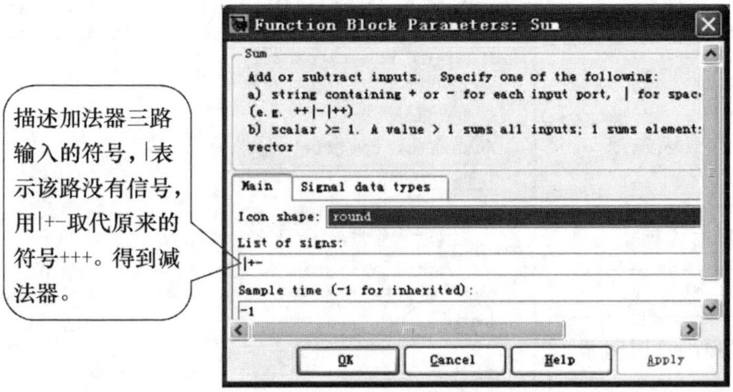

图 4-4 加法器模块对话框

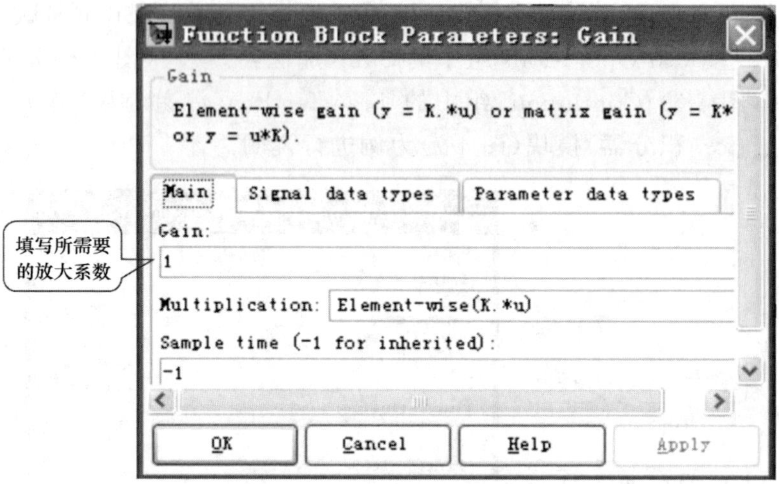

图 4-5　增益模块对话框

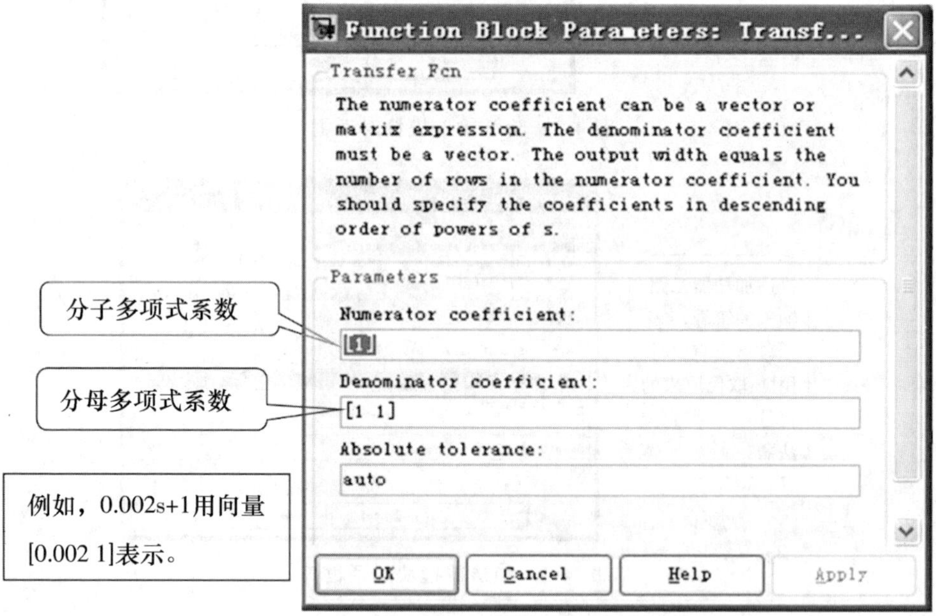

图 4-6　传递函数模块对话框

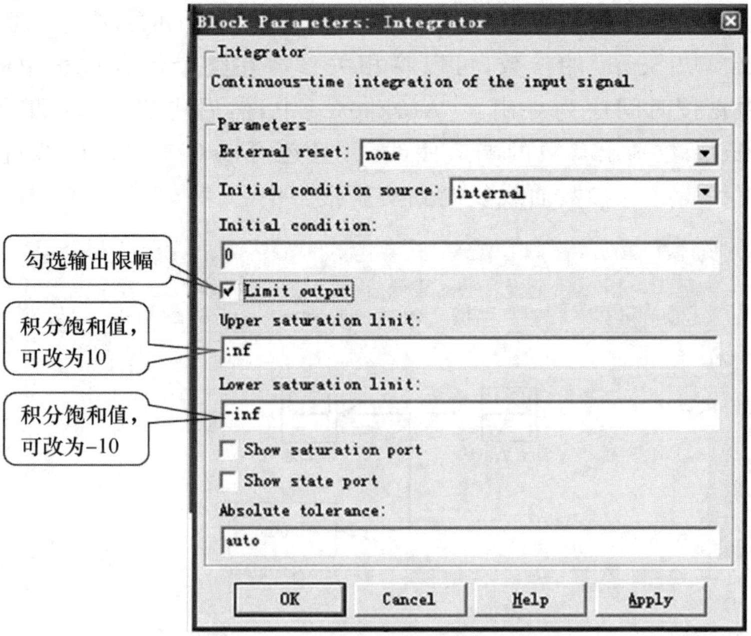

图 4-7 积分器模块对话框

(5)模块连接。

①用鼠标左键单击起点模块输出端，拖动鼠标至终点模块输入端处，则在两模块间产生“→”线；

②单击某模块，选取 Format→Rotate Block 菜单项可使模块旋转 90°，选取 Format→Flip Block 菜单项可使模块翻转；

③把鼠标移动至期望分支线的起点处，按下鼠标右键，当光标变为“十字”后，拖动鼠标直至分支线的终点处，然后松开鼠标按钮，就完成了分支线的绘制。

(6)仿真实例。

①以通过示波器观测正弦波信号为例进行说明。首先在 Simulink 模块中新建一个.mdl 文件，命名为“test.mdl”并保存到 MATLAB 的安装文件 work 中，再按照前述方法从 Simulink 的相应函数库中找出正弦波信号产生模块 Sine Wave、示波器模块 Scope、仿真数据输出模块 Simout，然后将各模块连接起来建立该系统的仿真模型，如图 4-8 所示。

②设置示波器模块参数：为了仿真实验数据分析和处理的需要，通过设置示波器模块 Scope 的参数，可以将相关参数在整个仿真过程中所有采样时刻的数据按时间序列导出至 Workspace 中，然后再通过 MATLAB 中的 plot(X , Y)函数画出参数的响应曲线，并且还可以对该参数曲线进行编辑，最后再把编辑好的参数曲线复制到实验报告中。

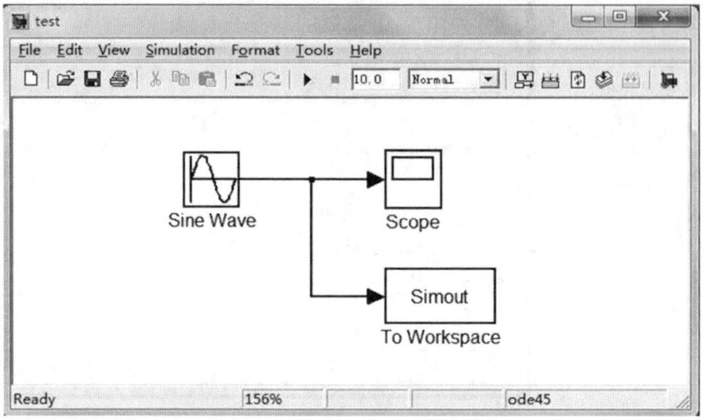

图 4-8 正弦波信号观测仿真模型

双击示波器模块进入图 4-9 所示界面，点击左上角参数设置菜单“Parameters”，进入示波器 Scope 参数设置界面(图 4-10)，再点击“Data history”菜单，出现图 4-11 所示界面，其中第一个选项“Limit data points to last”为设置保存最近 N 个采样时刻的仿真数据，例如，要保存最近 500 个采样时刻的仿真数据，则先在该选项前打“√”，并且在其后的框中输入数值 500；如果要保存整个仿真过程中所有采样时刻的数据，则把该选项前的“√”去掉即可。

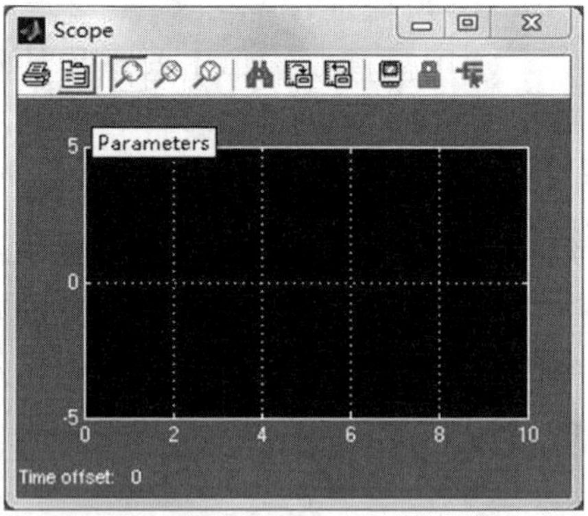

图 4-9 示波器 Scope 主窗口界面

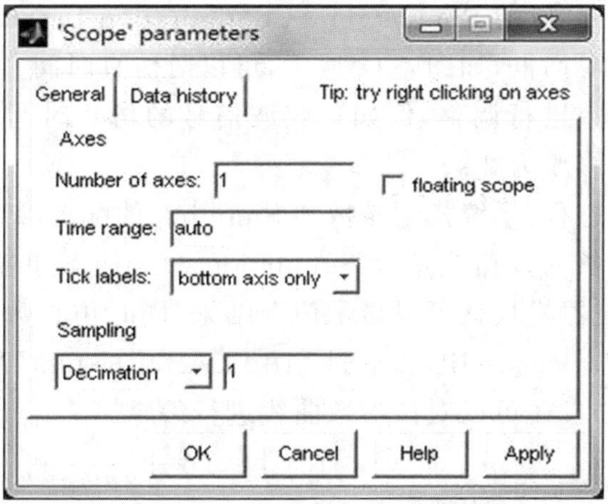

图 4-10 示波器 Scope 参数设置界面

如果要把该参数的仿真数据导出至 Workspace 中，则先在选项“Save data to workspace”前打“√”，接着修改参数变量名称“Variable name”，如“SineData”，参数值导出格式“Format”从下拉菜单中选择“Array”，然后保存设置。

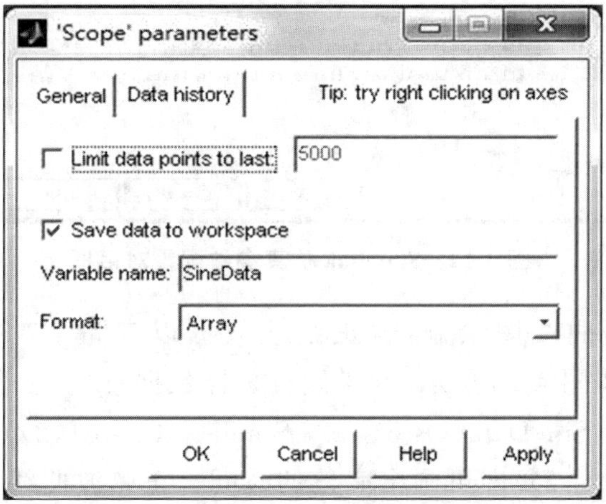

图 4-11 示波器数据保存设置界面

③系统仿真参数设置：为了能获得较为理想的仿真结果，可以对 Simulink 的相关仿真参数配置进行修改。修改方式有多种，其中一种是选

中 Simulink 模块窗口的 Simulation→Configuration Parameters 菜单项，打开仿真控制参数对话框，如图 4-12 所示，可以对仿真时间、采样步长、求解模型等仿真控制参数进行调整，例如正弦波信号的仿真时间，默认值为 10 s，可根据系统需要修改为 2 s。

④启动仿真过程：系统模型参数和 Simulink 的配置参数均设置好后，单击启动仿真工具条的按钮或选择 Simulation→Start 菜单项，则可启动仿真过程，再双击示波器模块就可以显示仿真结果，同时仿真数据会以二维数组的格式导出至 Workspace 中，再通过 MATLAB 中的 plot(X,Y)函数画出参数的响应曲线，并且还可以对该参数曲线进行编辑。

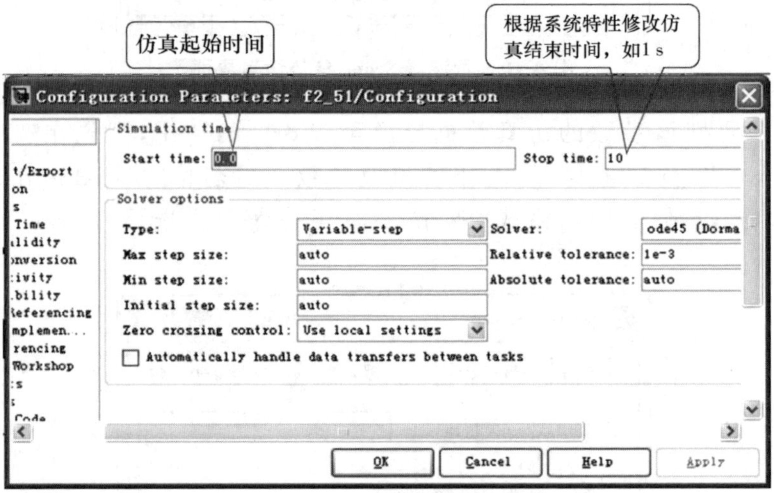

图 4-12　Simulink 仿真参数配置对话框

⑤仿真数据曲线图绘制：若正弦波数据以变量名“SineData”导出至 Workspace 中，如图 4-13 所示，并且假设采样数据总共 51 个，则通过二维曲线绘制函数 plot(SineData(1：51,1)，SineData(1：51,2))或 plot(SineData(：,1)，SineDa(：,2))即可画出完整的时间—正弦波曲线，如图 4-14 所示。如果只需要绘制部分采样时刻的仿真数据曲线，则可修改函数变量中冒号表示的采样时刻序号范围，如 plot(SineData(11：41,1)，SineData(11：41,2))，表示只绘制第 11 至第 41 个采样时刻的仿真数据，如图 4-15 所示。注意，此处横纵坐标的采样点个数必须相同。此外，也可以对绘制的参数曲线

进行坐标轴数值和字体格式，横纵坐标变量名称和单位、参数曲线的线型和颜色等进行编辑。

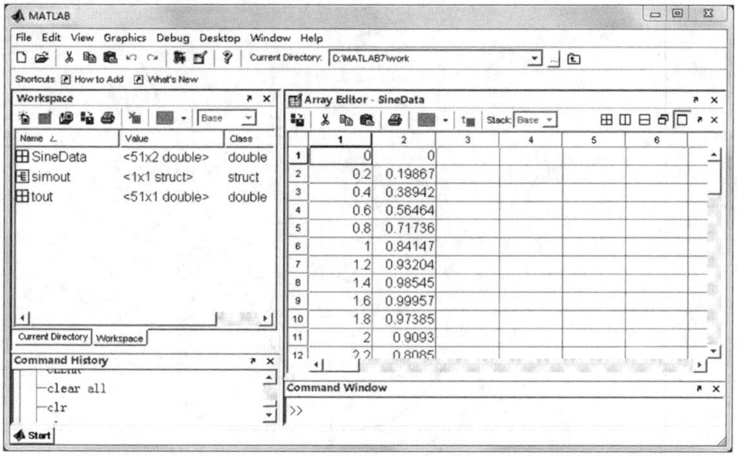

图 4-13 导出到 Workspace 中的参数仿真数据

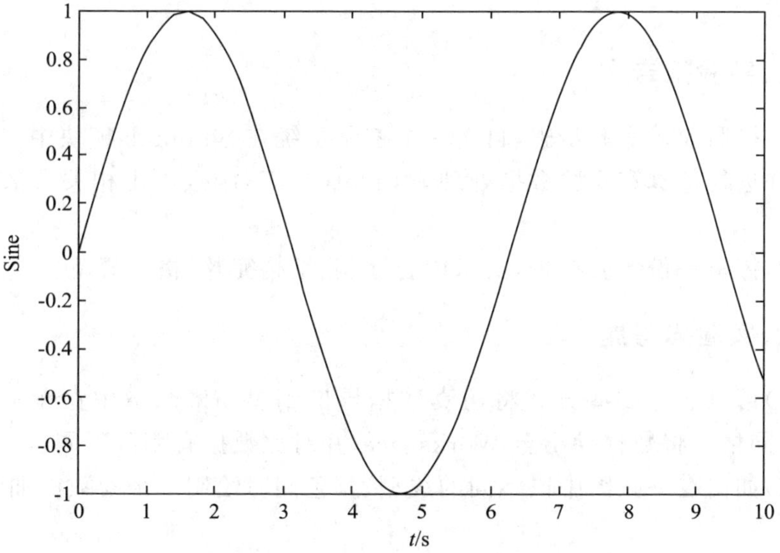

图 4-14 由全部采样时刻数据绘制的正弦曲线

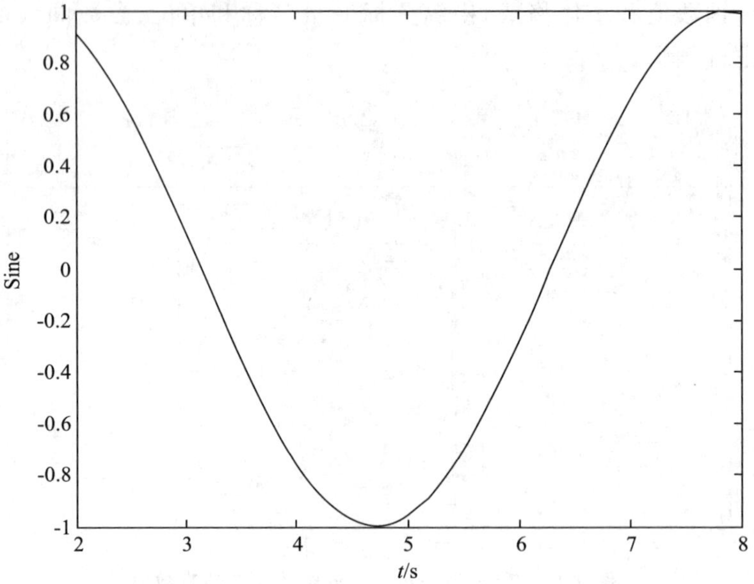

图 4-15　由第 11 至 41 个采样时刻数据绘制的正弦曲线

五、实验报告

(1)按照前述实验步骤,自选一个控制系统在 Simulink 模块中建立仿真模型,并进行仿真和实验数据处理,用 plot(X,Y)函数画出相关参数的响应曲线。

(2)撰写一份实验报告,要求内容翔实、结构完整、格式规范。

六、实验思考题

(1)可以通过哪些方式将仿真数据导出到 Workspace 中?在示波器中选择不同格式将数据导出至 Workspace,并对比数据有哪些不同。

(2)如何在一张图中以不同的线型、颜色同时绘制多个参数的曲线?

4.2 实验二——开环直流调速系统仿真

一、实验目的

(1)掌握开环直流调速系统的工作原理及其特性分析方法。

(2)研究开环直流调速系统中给定电压和负载电流对直流电动机转速和电枢电流的影响。

二、实验设备和软件

电脑、MATLAB软件。

三、实验内容及系统参数

(1)开环直流调速系统的结构框图如图4-16所示,主要由可调直流电源模块和显含电枢电流的直流电动机模型组成,该系统的输入量为直流电动机额定转速对应的给定电压U_n^*、负载电流I_{dL},系统的输出量为直流电动机的转速n。

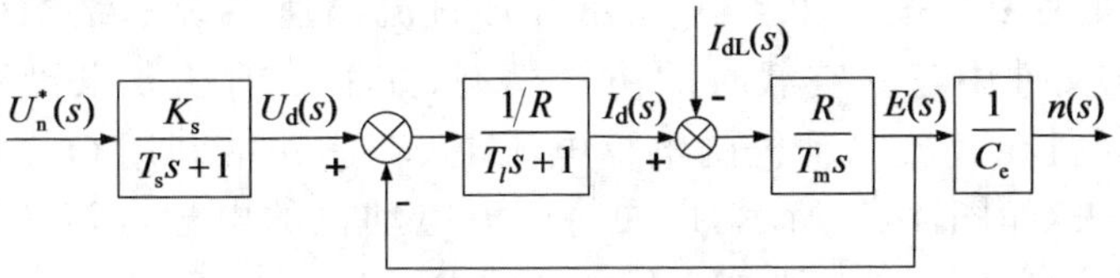

图4-16 开环直流调速系统的结构框图

稳态下,开环直流调速系统的机械特性方程为:

$$n=\frac{U_{d0}-I_dR}{C_e}=\frac{K_sU_n^*}{C_e}-\frac{I_dR}{C_e}=(K_sU_n^*-RI_{dL})\frac{1}{C_e} \tag{4-1}$$

由式(4-1)可知,稳态下开环直流调速系统中直流电动机的转速只与给定电压U_n^*和负载电流I_{dL}有关,而系统的转速降落Δn只与负载电流I_{dL}有关,其表达式为:

$$\Delta n=\frac{RI_{dL}}{C_e} \tag{4-2}$$

本实验中，需要验证稳态下开环直流调速系统的转速 n 与给定电压 U_n^* 和负载电流 I_{dL} 的关系，同时也要验证转速降落 Δn 只与负载电流 I_{dL} 有关，而与给定电压 U_n^* 无关。

(2)先在 MATLAB 软件的 Simulink 模块中根据系统各环节的传递函数及给定参数值建立开环直流调速系统的仿真模型，再按照要求分别进行仿真实验，输出直流电动机的电枢电流 I_d 和转速 n 的响应数据，绘制出它们的响应曲线，记录关键时刻的参数数据并进行分析，给出相应的结论。

(3)开环直流调速系统中各环节的参数如下：

直流电动机：额定电压 $U_N=220$ V，额定电流 $I_{dN}=55$ A，额定转速 $n_N=1\ 000$ r/min，电动机电势系数 $C_e=0.192$ V·min/r。

假定晶闸管整流装置输出电流可逆，该装置的电压放大系数 $K_s=44$，滞后时间常数 $T_s=0.001\ 67$ s。

电枢回路总电阻 $R=1.0\ \Omega$，电枢回路电磁时间常数 $T_l=0.001\ 67$ s，电力拖动系统机电时间常数 $T_m=0.075$ s。

直流电动机对应额定转速的给定电压 $U_n^*=4.364$ V。

四、实验步骤

(1)在 MATLAB 的 Simulink 模块中新建一个“.mdl”文件，命名后保存在 work 文件夹中。按照图 4-16 所示开环直流调速系统的结构框图在新建的 Simulink 文件中建立空载时的仿真模型，并根据前述要求设置好系统各环节参数，同时在直流电动机的电枢电流 I_d、转速 n 端利用 Out 模块或示波器 Scope 模块，如图 4-17 所示，以便将直流电动机的电枢电流 I_d、转速 n 等关键参数的仿真数据输出到 MATLAB 的 Workspace 窗口中。

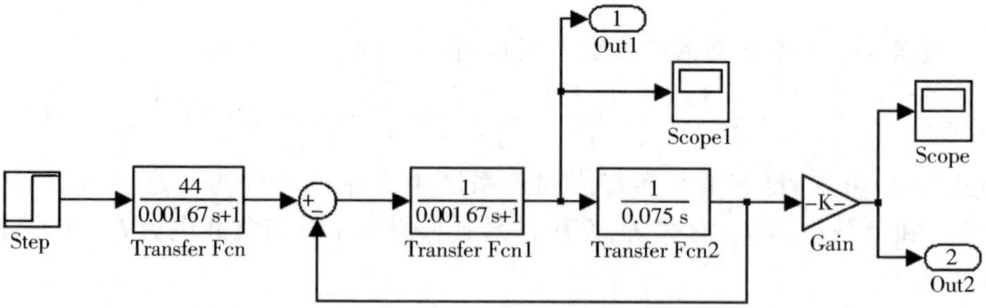

图 4-17 空载时开环直流调速系统的仿真模型

(2)根据系统特性设置合适的仿真时间，在直流电动机的电枢电流 I_d、转速 n 端利用 Out 器件或示波器 Scope 模块将直流电动机的电枢电流 I_d、转速 n 等数据输出到 MATLAB 的 Workspace 窗口中，并在 MATLAB 中利用 plot(X,Y)函数编程绘制出空载时直流电动机的电枢电流 I_d和转速 n 的响应曲线，记录并分析实验数据，给出相应的结论。

(3)重新在 MATLAB 的 Simulink 模块中新建一个".mdl"文件，命名后保存在 Work 文件夹中，根据开环直流调速系统中各功能模块的传递函数及其给定参数建立带负载时的 Simulink 仿真模型，如图 4-18 所示。

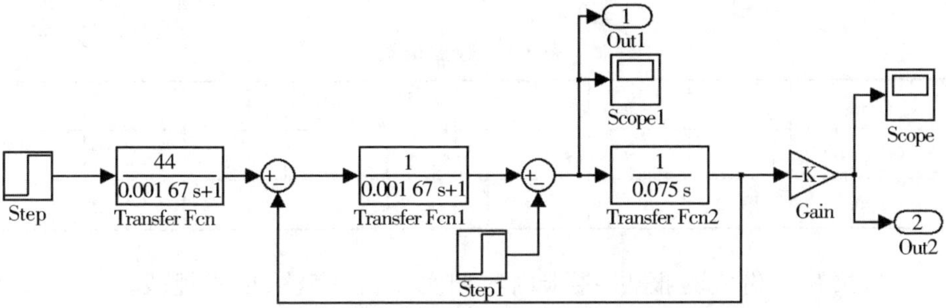

图 4-18　带负载的开环直流调速系统仿真模型

(4)设置合适的仿真时间，在 t =1 s 时分别加入负载电流为 I_{dL}=10、20、50 A，利用 Out 器件或示波器将相关数据输出到 MATLAB 的 Workspace 窗口中，并在 MATLAB 中利用 plot(X,Y)函数绘制出在 t =1 s 时加入负载电流分别为 I_{dL}=10、20、50 A 时直流电动机的电枢电流 I_d和转速 n 的响应曲线，记录并分析实验数据，给出相应的结论(证明开环时系统的转速降落 Δn 只与负载电流 I_{dL}有关，而与给定电压 U_n^* 无关)。

(5)修改给定电压 U_n^* 的值(取 3 组不同的值)，设置合适的仿真时间，在 t =1 s 时分别加入负载电流为 I_{dL}=20 A，利用 Out 器件或示波器将相关数据输出到 MATLAB 的 Workspace 中，并在 MATLAB 中利用 plot(X,Y)函数绘制出在 t =1 s 时加入负载电流分别为 I_{dL}=20 A 时直流电动机的电枢电流 I_d和转速 n 的响应曲线，记录并对比分析实验数据，给出相应的结论(证明开环时转速降落 Δn 只与负载电流 I_{dL}有关，而与给定电压 U_n^* 无关)。

五、实验报告

(1)按要求分别画出系统在空载和带负载情况下直流电动机的电枢电流 I_d 和转速 n 的响应曲线,并进行对比分析,给出相关的结论。

(2)记录系统在空载和带负载情况下各关键时刻 t 直流电动机的电枢电流 I_d 和转速 n 的数值,填入表 4-1 中,并对数据进行分析。

(3)记录开环直流调速系统在相同负载电流 I_{dL}、不同给定电压 U_n^* 情况下各关键时刻 t 直流电动机的电枢电流 I_d 和转速 n 的数值,并对数据进行分析。

表 4-1 数据记录

t/s								
n/(r/min)								
I_d/A								

(4)撰写一份实验报告,要求内容翔实、结构完整、格式规范。

六、实验思考题

(1)请分析开环直流调速系统产生转速误差的原因。若系统处于空载状态下,转速误差是否还存在?为什么?

(2)对于开环直流调速系统,如何根据直流电动机的期望转速确定给定电压 U_n^*?

4.3 实验三——比例控制的转速反馈直流调速系统仿真

一、实验目的

(1)掌握比例控制的直流调速系统的工作原理和特性。

(2)验证比例控制在直流调速系统中的控制规律。

(3)理解动态稳定性在直流调速系统中的作用。

(4)验证转速负反馈能够抑制反馈环内的各种扰动，但不能抑制给定值和反馈通道的扰动。

二、实验设备和软件

电脑、MATLAB 软件。

三、系统结构图及参数

由于开环直流调速系统的转速降落太大，无法满足系统的稳态性能指标要求，因此，引入转速反馈控制，采用比例控制的直流调速系统，减少系统的转速误差，该系统的动态结构框图如图 4-19 所示，主要由转速误差减法器、比例控制器、可调直流电源模块、显含电枢电流的直流电动机模型以及转速负反馈环节组成，系统中各环节的参数如下：

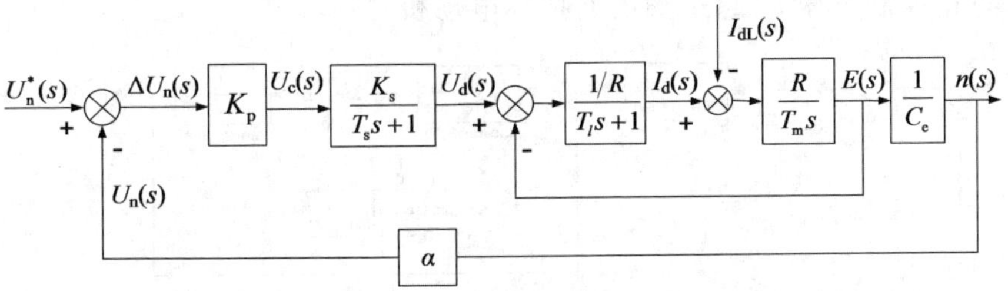

图 4-19 比例控制的直流调速系统的动态结构框图

直流电动机：额定电压 $U_N=220$ V，额定电流 $I_{dN}=55$ A，额定转速 $n_N=1\ 000$ r/min，电动机电势系数 $C_e=0.192$ V · min/r。

假定晶闸管整流装置输出电流可逆，装置的电压放大系数 $K_s=44$，滞后时间常数 $T_s=0.001\ 67$ s。

电枢回路总电阻 $R=1.0\ \Omega$，电枢回路电磁时间常数 $T_l=0.001\ 67$ s，电力拖动系统机电时间常数 $T_m=0.075$ s。

转速反馈系数 $\alpha=0.01$ V · min/r。

额定转速对应的给定电压 $U_n^*=10$ V。

四、实验内容和步骤

(1)根据所提供的直流调速系统参数，由动态稳定性的开环放大系数计算公式，可得满足系统动态稳定性条件下，该比例控制器系数 K_p 的临界值 K_{pcr} 的计算式为：

$$K_{pcr}=\frac{T_m(T_l+T_s)+T_s^2}{T_lT_s}\times\frac{C_e}{K_s\alpha} \tag{4-3}$$

请根据式(4-3)由给定的系统各参数值计算出比例控制器系数 K_p 的临界值 K_{pcr}。

(2)在 MATLAB 的 Simulink 模块中新建一个“.mdl”文件，命名后保存在 work 文件夹中。根据所提供的系统结构框图及其参数，在新建的 Simulink 文件中参照图 4-19 建立比例控制的直流调速系统的仿真模型，如图 4-20 所示。系统的给定电压 U_n^* 和负载电流 I_{dL} 均通过阶跃模块 Step 输入(注意设置合适的阶跃时间)，在比例控制器的输出端增加了一个饱和限幅器 Saturation(限幅值由电动机电枢电压的最大值和电源放大系数 K_s 决定)，防止控制电压 U_c 超过阈值而损坏电动机。

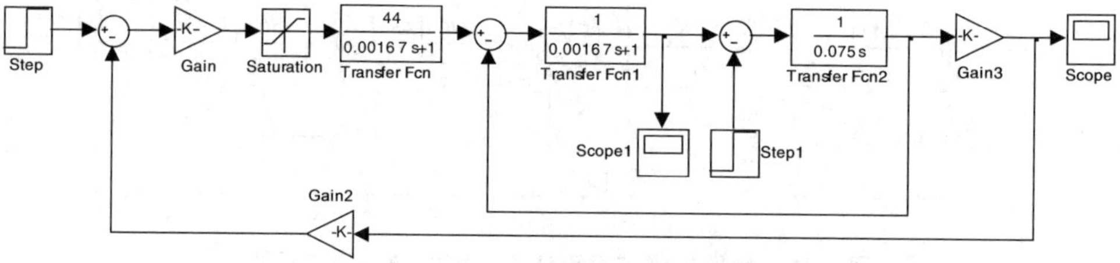

图 4-20　比例控制的直流调速系统的仿真模型

(3)为了验证动态稳定性条件对直流调速系统的影响，以临界值 K_{pcr} 为基准，改变比例控制器的比例系数 K_p(比例系数 K_p 取 3 个不同的值，其中 2 个小于 K_{pcr}，1 个大于 K_{pcr})，分别观察调速系统的输出转速 n 能否稳定？若不能稳定，请说明原因；若能稳定，转速 n 是否存在稳态误差？稳态误差有多大？请记录相关的数据，并分析原因。

(4)保持比例系数 K_p 等参数不变，分别增大和减小负载电流 I_{dL}，观察系统稳定后的转速 n 是否发生变化？电枢电压是否发生变化？如何变化？

(5)保持比例系数 K_p 等参数不变，只改变装置放大系数 K_s 的值，观察系统稳定后的转速 n 是否发生变化？电枢电压是否发生变化？如何变化？

(6)保持比例系数 K_p 等参数不变，只改变转速反馈系数 α 的值，观察系

统稳定后的转速 n 是否发生变化？电枢电压是否发生变化？如何变化？

五、实验报告

(1)按要求分别画出系统在不同情况下直流电动机的电枢电流 I_d 和转速 n 的响应曲线，并进行对比分析，给出相关的结论。

(2)记录系统在不同情况下各关键时刻 t 直流电动机的电枢电流 I_d 和转速 n 的数值，填入表 4-2 中，并对数据进行分析。

表 4-2　数据记录

t/s								
n/(r/min)								
I_d/A								

(3)撰写一份实验报告，要求内容翔实、结构完整、格式规范。

六、实验思考题

(1)如何通过实验证明比例控制的直流调速系统能够有效抑制比例系数 K_p、负载、电枢电阻和电源电压等参数变化对转速的影响？

(2)在满足动态稳定性的前提下，比例控制器系数 K_p 的取值与转速误差的关系如何？为什么？

(3)比例控制器输出端的饱和限幅器 Saturation 的上下边界值如何确定？请说明理由。

4.4　实验四——比例积分控制的转速反馈直流调速系统仿真

一、实验目的

(1)掌握比例积分控制直流调速系统的原理和特性。

(2)掌握积分控制器在直流调速系统中的作用。

(3)理解电流截止负反馈在转速反馈直流调速系统中的作用。

二、实验设备和软件

电脑、MATLAB 软件。

三、系统结构图及参数

采用比例积分控制的转速负反馈直流调速系统，其动态结构框图如图4-21所示，其控制器由比例部分和积分部分组成，不仅响应速度快，而且能消除转速静差。此外，为了方便整定比例积分控制器的比例系数和积分系统，同时能够对积分部分单独限幅，故采用比例部分和积分部分的分立传递函数之和作为比例积分调节器的输出，而不采用式(2-64)所示比例积分调节器的综合传递函数。

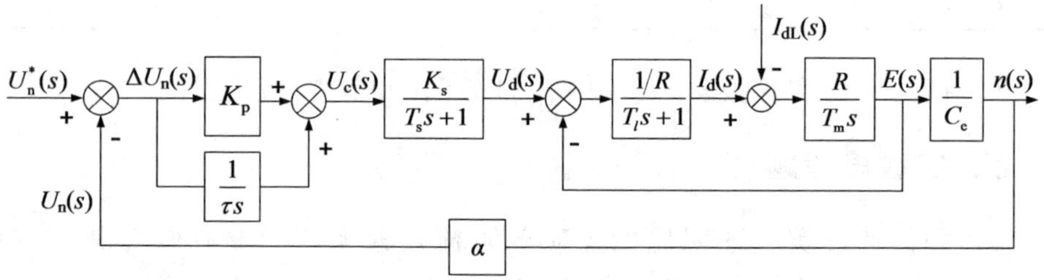

图 4-21 比例积分控制的直流调速系统动态结构框图

调速系统中各环节的相关参数如下：

直流电动机：额定电压 $U_N=220$ V，额定电流 $I_{dN}=55$ A，额定转速 $n_N=1\ 000$ r/min，电动机电势系数 $C_e=0.192$ V·min/r。

假定晶闸管整流装置输出电流可逆，装置的放大系数 $K_s=44$，滞后时间常数 $T_s=0.001\ 67$ s。

电枢回路总电阻 $R=1.0\ \Omega$，电枢回路电磁时间常数 $T_l=0.001\ 67$ s，电力拖动系统机电时间常数 $T_m=0.075$ s。

转速反馈系数 $\alpha=0.01$ V·min/r。对应额定转速时的给定电压 $U_n^*=10$ V。

电流截止负反馈采样电阻 $R_s=0.5\ \Omega$，临界截止电流 $I_{dcr}=1.1\ I_{dN}$，比较电压 $U_{com}=I_{dcr}R_s$。

四、实验内容和步骤

(1)在 MATLAB 的 Simulink 模块中新建一个“.mdl”文件，命名后保存在 Work 文件夹中。根据所提供的系统动态结构框图及其给定参数，在新建的 Simulink 中参照图 4-21 建立采用比例积分控制的转速反馈控制直流调速系统的仿真模型，如图 4-22 所示。

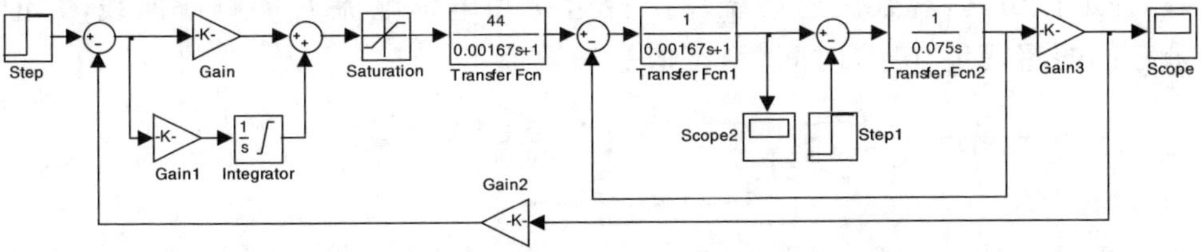

图 4-22 比例积分控制的直流调速系统的 Simulink 仿真模型

(2)在理想空载下，比例积分控制器选择三组不同的比例系数 K_p 和积分系数 K_i，如表 4-3 所示，通过示波器 Scope 观察调速系统输出转速 n 的响应曲线，并记录转速的超调量、响应时间、稳态值等动态性能指标参数，同时记录电枢电流 I_d 的响应曲线及其相关数据。

表 4-3 比例积分系数

序号	K_p	K_i
1	0.25	3
2	0.56	11.43
3	0.8	15

(3)选择一组调速效果较好的比例系数 K_p 和积分系数 K_i，在系统中通过阶跃模块加入负载电流 $I_{dL}=30$ A，以模拟调速系统稳定后受到负载扰动的影响，并根据调速系统的稳定时间设置扰动量加入的时间，例如 2 s。观察和记录调速系统输出转速 n 和电枢电流 I_d 的动态响应曲线，并记录超调量、响应时间、稳态值等参数值。对比分析负载扰动加入前后转速 n、控制电压 U_c、电枢电压 U_d、电枢电流 I_d 的变化，并说明原因。

(4)重新在 MATLAB 的 Simulink 模块中新建一个".mdl"文件，命名后保存在 Work 文件夹中。保持控制器的比例系数 K_p 和积分系数 K_i，以及负载电流 I_{dL} 不变，参照教材相关内容在该直流调速系统中引入电流截止负反馈(提示:用 MATLAB 中的 Switch 模块来实现电流负反馈的分段函数),建立带电流截止负反馈的直流调速系统仿真模型,如图 4-23 所示。根据给定的系统参数计算出电流截止负反馈环节的比较电压 U_{com}、采样电阻 R_s 等参数,并进行仿真,观察调速系统输出转速 n 和电枢电流 I_d 的响应曲线,并记录它们的超调量、响应时间、稳态值等参数值。

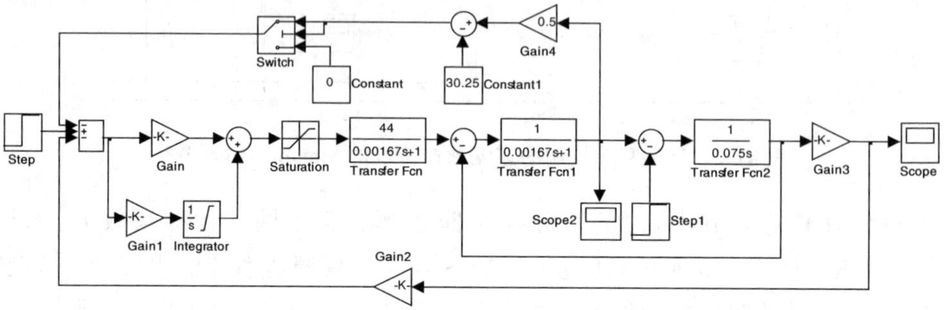

图 4-23　带电流截止负反馈的比例积分控制直流调速系统的仿真模型

(5)对比引入电流截止负反馈前后,该比例积分控制直流调速系统的输出转速 n 和电枢电流 I_d 的响应曲线及其相关参数值,说明电流截止负反馈环节所起的作用,并给出相关结论。

五、实验报告

(1)按要求分别画出系统在不同情况下直流电动机的电枢电流 I_d 和转速 n 的响应曲线,并进行对比分析,给出相关的结论。

(2)记录系统在不同情况下各关键时刻 t 直流电动机的电枢电流 I_d 和转速 n 的数值,填入表 4-4 中,并对数据进行分析。

表 4-4　数据记录

t/s									
n/(r/min)									
I_d/A									

(3)撰写一份实验报告,要求内容翔实、结构完整、格式规范。

六、实验思考题

(1)带积分环节的调节器为什么能消除转速反馈控制直流调速系统中转速的稳态误差?

(2)在转速反馈控制直流调速系统的仿真模型中如何模拟负载的突变?

(3)请说明积分调节器、比例积分调节器后面加入饱和限幅器的作用。限幅值应如何确定?

4.5 实验五——转速、电流反馈控制的直流调速系统仿真

一、实验目的

(1)掌握双闭环直流调速系统中电流环的控制原理和作用。

(2)掌握和验证双闭环直流调速系统的起动过程特性。

(3)对比带电流截止负反馈的转速反馈直流调速系统和双闭环直流调速系统的起动过程特性。

二、实验设备和软件

电脑、MATLAB 软件。

三、系统结构图及参数

带低通滤波环节的转速、电流反馈控制直流调速系统的动态结构图如图 4-24 所示,转速环和电流环均采用 PI 调节器以消除静差。

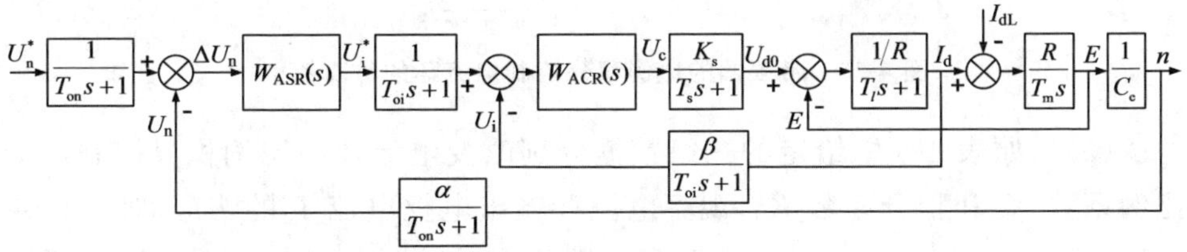

图 4-24 转速、电流反馈控制直流调速系统的动态结构图

系统各环节的参数如下：

直流电动机：额定电压 $U_N=220$ V，额定电流 $I_{dN}=136$ A，允许电流最大值 $I_{dm}=200$ A，额定转速 $n_N=1\ 460$ r/min，电动机的电势系数 $C_e=0.132$ V·min/r。

假定晶闸管整流装置输出电流可逆，装置的放大系数 $K_s=40$，滞后时间常数 $T_s=0.001\ 7$ s。电枢回路总电阻 $R=0.5\ \Omega$，电枢回路电磁时间常数 $T_l=0.03$ s，电力拖动系统机电时间常数 $T_m=0.18$ s。

转速反馈系数 $\alpha=0.006\ 85$ V·min/r，电流反馈系数 $\beta=0.05$ V/A。

转速反馈滤波时间常数 $T_{on}=0.01$ s，电流反馈滤波时间常数 $T_{oi}=0.002$ s。

电流截止负反馈采样电阻 $R_s=0.5\ \Omega$，临界截止电流 $I_{dcr}=1.2\ I_{dN}$，比较电压 $U_{com}=I_{dcr}R_s$。

四、实验内容和步骤

（1）电流环的仿真。在 MATLAB 的 Simulink 模块中新建一个“.mdl”文件，命名后保存在 Work 文件夹中。参考教材中相关内容建立采用比例积分控制的带限幅的电流环仿真模型，如图 4-25 所示，按要求设置各环节的参数值。此外，积分部分的输出与 PI 调节器的总输出要分别进行限幅，限幅值由系统参数确定。

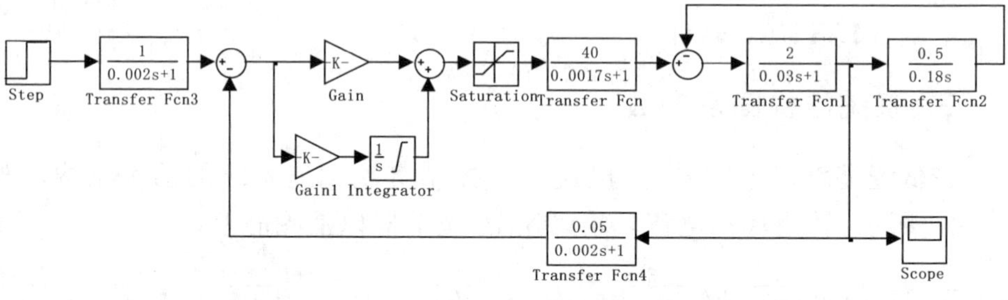

图 4-25 带限幅的比例积分控制电流环的仿真模型

（2）按照表 4-5 中给定的三组数据分别改变电流环中比例积分控制器的比例系数 K_p 和积分系数 K_i，观察电流环输出电枢电流 I_d 的响应曲线，记录电枢电流 I_d 的超调量、响应时间、稳态值等参数，分析是否存在静差，并说明原因。

表 4-5　比例积分系数

序号	K_p	K_i
1	0.506 7	16.89
2	1.013	33.77
3	2.027	67.57

(3)重新在 MATLAB 的 Simulink 模块中新建一个“.mdl”文件，命名后保存在 Work 文件夹中。选择电流环中一组控制效果较好的比例系数 K_p 和积分系数 K_i，在系统中加入转速环，参照图 4-24 建立带滤波环节的转速、电流反馈控制直流调速系统的仿真模型，如图 4-26 所示。其中，转速环 PI 调节器的参数取 $K_p=11.7$，$K_i=134.48$，系统的负载电流 $I_{dL}=136$ A，仿真后观察调速系统输出转速 n 和电枢电流 I_d 的响应曲线，记录它们的超调量、响应时间、稳态值等参数，并分析原因。

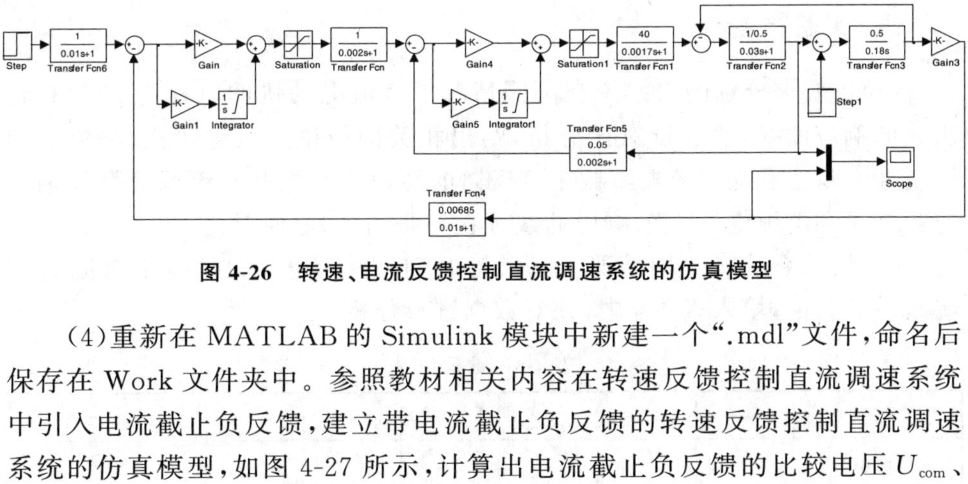

图 4-26　转速、电流反馈控制直流调速系统的仿真模型

(4)重新在 MATLAB 的 Simulink 模块中新建一个“.mdl”文件，命名后保存在 Work 文件夹中。参照教材相关内容在转速反馈控制直流调速系统中引入电流截止负反馈，建立带电流截止负反馈的转速反馈控制直流调速系统的仿真模型，如图 4-27 所示，计算出电流截止负反馈的比较电压 U_{com}、采样电阻 R_s，其中，转速环 PI 调节器的参数取 $K_p=11.7$，$K_i=134.48$，系统的负载电流 $I_{dL}=136$ A，重新进行仿真，观察和记录该直流调速系统输出转速 n 和电枢电流 I_d 的响应曲线，同时记录它们的超调量、响应时间、稳态值等参数，并进行数据分析。

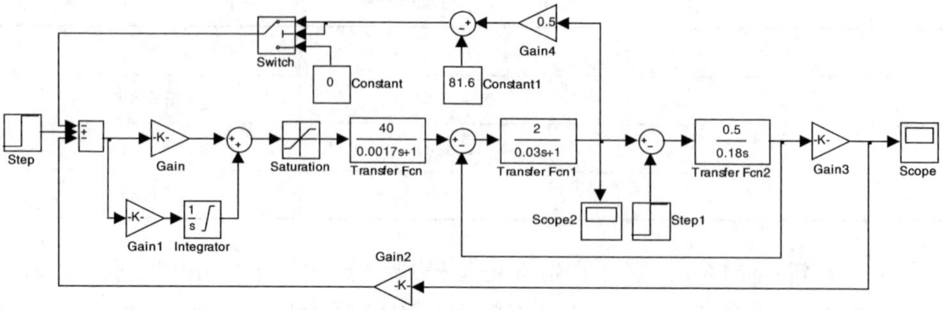

图 4-27　带电流截止负反馈的转速反馈控制直流调速系统的仿真模型

(5)对比转速、电流反馈控制直流调速系统和带电流截止负反馈的转速反馈控制直流调速系统，它们输出的转速 n 和电枢电流 I_d 的响应曲线及其相关数据；对比分析两种调速方法在直流电动机起动过程中对电枢电流和转速的控制效果。

五、实验报告

(1)按要求分别画出系统在不同情况下直流电动机的电枢电流 I_d 和转速 n 的响应曲线，并进行对比分析，给出相关的结论。请将转速、电流反馈控制直流调速系统和带电流截止负反馈的转速反馈控制直流调速系统输出的转速 n 和电枢电流 I_d 的响应曲线画在一张图中，方便对比。

(2)记录系统在不同情况下各关键时刻 t 直流电动机的电枢电流 I_d 和转速 n 的数值，填入表 4-6 中，并对数据进行分析。

表 4-6　数据记录

t/s								
n/(r/min)								
I_d/A								

(3)撰写一份实验报告，要求内容翔实、结构完整、格式规范。

六、实验思考题

(1)转速、电流反馈控制直流调速系统电动机起动过程中如何使电枢电流维持最大值不变?

(2)转速、电流反馈控制直流调速系统起动过程中对电枢电流的控制与带电流截止负反馈的直流调速系统有何区别?

(3)双闭环系统中采用PI调节器的电流内环控制器的输出电枢电流为何存在一定的稳态静差?此种情况下PI调节器为什么不能消除静差?

4.6 实验六——二连杆机器人的运动控制仿真

一、实验目的

(1)熟悉并掌握机器人的运动学和动力学建模方法。通过三次多项式规划出二连杆机器人各关节的运动轨迹,并采用拉格朗日方法推导出二连杆机器人的动力学模型。

(2)基于增量式数字PID算法设计关节角度控制器,给出关节驱动力矩,再结合机器人的动力学模型,实现对二连杆机器人规划轨迹的跟踪控制。

(3)熟悉MATLAB软件使用和MATLAB语言的编程,以及MATLAB环境下机器人的仿真、控制方法。

二、实验工具

MATLAB软件开发环境。

三、实验原理

以图4-28所示具有两旋转关节自由度的二连杆机器人为实验对象,其相关参数如表4-7所示。

(1)运动学模型。

假设二连杆机器人只在XOY平面内运动,则由几何关系可得该机器人的连杆末端位置坐标(x_1,y_1)、(x_2,y_2)与关节角度q_1、q_2的函数关

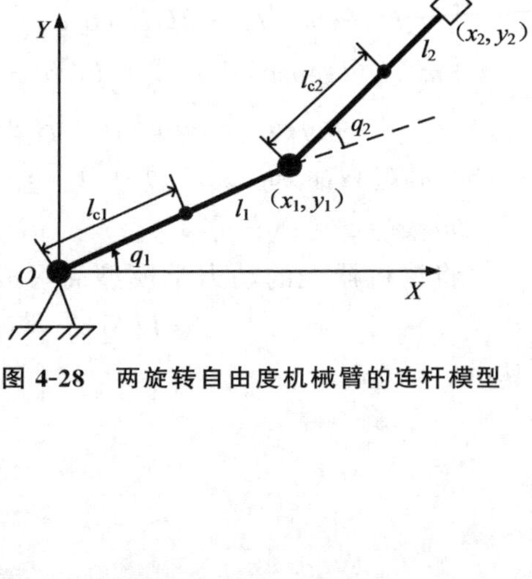

图4-28 两旋转自由度机械臂的连杆模型

系表达式为：

$$\begin{cases} x_1 = l_1 \cos q_1 \\ y_1 = l_1 \sin q_1 \end{cases}$$

$$\begin{cases} x_2 = l_1 \cos q_1 + l_2 \cos (q_1 + q_2) \\ y_2 = l_1 \sin q_1 + l_2 \sin (q_1 + q_2) \end{cases}$$

表 4-7 二连杆机器人的参数

参数名称	变量符号	参数值	单位
连杆 1 长度	l_1	0.54	m
连杆 2 长度	l_2	0.95	m
连杆 1 质心位置	l_{c1}	0.24	m
连杆 2 质心位置	l_{c2}	0.63	m
连杆 1 质量	m_1	6.58	kg
连杆 2 质量	m_2	0.46	kg
连杆 1 惯量	I_1	0.124	kg·m^2
连杆 2 惯量	I_2	0.054	kg·m^2
连杆 1 关节角度	q_1	—	rad
连杆 2 关节角度	q_2	—	rad

(2)动力学模型。

采用拉格朗日方法可推导出该二连杆机器人各关节力矩的动力学模型为：

$$\begin{aligned} \tau_1 = & [m_1 l_{c1}^2 + m_2(l_1^2 + 2l_1 l_{c2}\cos q_2 + l_{c2}^2) + I_1 + I_2]\ddot{q}_1 + \\ & [m_2 l_{c2}(l_1\cos q_2 + l_{c2}) + I_2]\ddot{q}_2 - 2m_2 l_1 l_{c2}\sin q_2 \dot{q}_1\dot{q}_2 - \\ & m_2 l_1 l_{c2}\sin q_2 \dot{q}_2^2 + m_1 g l_{c1}\cos q_1 + m_2 g[l_1\cos q_1 + l_{c2}\cos(q_1 + q_2)] \end{aligned}$$

$$\begin{aligned} \tau_2 = & [m_2 l_{c2}(l_1\cos q_2 + l_{c2}) + I_2]\ddot{q}_1 + (m_2 l_{c2}^2 + I_2)\ddot{q}_2 + m_2 l_1 l_{c2}\sin q_2 \dot{q}_1^2 + \\ & m_2 g l_{c2}\cos(q_1 + q_2) \end{aligned}$$

将该机器人的动力学模型简写成矩阵形式，即：

$$\tau = D(q)\ddot{q} + H(q,\dot{q})\dot{q} + G(q)$$

其中

$$\tau=\begin{bmatrix}\tau_1\\ \tau_2\end{bmatrix};\ \ddot{q}=\begin{bmatrix}\ddot{q}_1\\ \ddot{q}_2\end{bmatrix};\ \dot{q}=\begin{bmatrix}\ddot{q}_1\\ \dot{q}_2\end{bmatrix}$$

矩阵中各元素的表达式为：

$D_{11}=m_1l_{c1}^2+m_2(l_1^2+2l_1l_{c2}\cos q_2+l_{c2}^2)+I_1+I_2$；

$D_{12}=m_2l_{c2}(l_1\cos q_2+l_{c2})+I_2$

$D_{21}=m_2l_{c2}(l_1\cos q_2+l_{c2})+I_2$； $D_{22}=m_2l_{c2}^2+I_2$

$H_{11}=-2m_2l_1l_{c2}\sin q_2\dot{q}_2$； $H_{22}=-m_2l_1l_{c2}\sin q_2\dot{q}_2$

$H_{21}=m_2l_1l_{c2}\sin q_2\dot{q}_1$； $H_{22}=0$

$G_1=m_1gl_{c1}\cos q_1+m_2g[l_1\cos q_1+l_{c2}\cos(q_1+q_2)]$；

$G_2=m_2gl_{c2}\cos(q_1+q_2)$

(3)关节控制器。

为了提高控制的实时性，采用增量式数字 PID 算法根据关节角度误差 e_q、关节角速度误差 $e_{\dot{q}}$ 计算关节驱动力矩 τ，增量式 PID 算法的计算表达式如下：

$$\begin{aligned}\Delta\tau(k)=&K_{p\_q}[e_q(k)-e_q(k-1)]+K_{i\_q}e_q(k)+K_{d\_q}[e_q(k)\\&-2e_q(k-1)+e_q(k-2)]+K_{p\_\dot{q}}[e_{\dot{q}}(k)-e_{\dot{q}}(k-1)]\\&+K_{i\_\dot{q}}e_{\dot{q}}(k)+K_{d\_\dot{q}}[e_{\dot{q}}(k)-2e_{\dot{q}}(k-1)+e_{\dot{q}}(k-2)]\end{aligned}$$

$\tau(k)=\tau(k-1)+\Delta\tau(k)$

(4)关节轨迹规划。

采用三次多项式规划机器人关节的运动轨迹，其函数表达式为：

$$q(t)=c_3t^3+c_2t^2+c_1t+c_0$$

给定机器人关节起始时刻 $t_0=0$、终止时刻 t_f 的角度和角速度值，即：

$$\begin{cases}q(t_0)=q_0\\ q(t_f)=q_f\end{cases},\ \begin{cases}\dot{q}(t_0)=\omega_0\\ \dot{q}(t_f)=\omega_f\end{cases}$$

可求得三次多项式的系数为：

$$\begin{cases}c_0=q_0\\ c_1=\omega_0\\ c_2=\dfrac{3}{t_f^2}(q_f-q_0)-\dfrac{2\omega_0+\omega_f}{t_f}\\ c_3=-\dfrac{2}{t_f^3}(q_f-q_0)+\dfrac{\omega_0+\omega_f}{t_f^2}\end{cases}$$

将求解出的系数代入三次多项式函数表达式即可得到机器人关节的运动轨迹。

四、实验内容和步骤

(1)在 MATLAB 中新建一个 M 文件，命名后保存在 Work 文件夹中。

(2)参照图 4-29 所示流程，按功能分模块用 MATLAB 语言编写二连杆机器人的运动控制源程序，并进行调试。连杆机器人的位置、关节角度实际值和目标值，以及关节角度误差的实时运行结果动态显示如图 4-30 所示。

(3)修改关节角度轨迹的约束条件(起止时刻的角度、角速度)，并进行仿真。

(4)修改关节角度增量式 PID 控制器的参数，并对比分析控制效果。

(5)修改源程序，添加输出机器人运动中关节角速度和角加速度的曲线。

(6)将关节控制器改为 PD 控制，对比和分析机器人的运动控制效果。

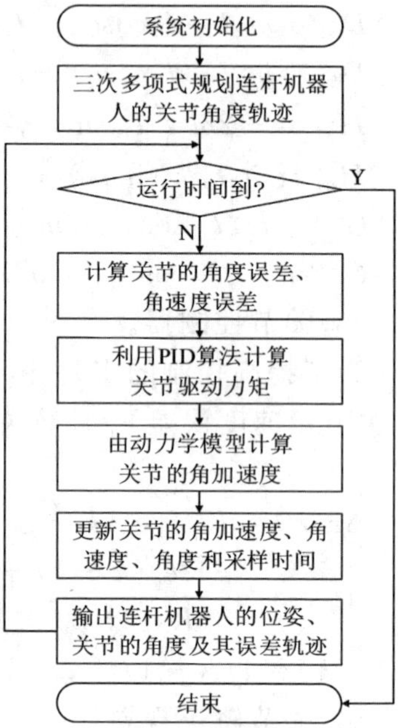

图 4-29　机器人的运动控制流程

五、实验要求

(1)记录两组以上 PID 参数的实验数据、响应曲线，并根据实验结果分析 PID 参数对机器人运动控制性能的影响。

(2)记录两组不同约束条件规划轨迹的运动控制效果，并进行实验结果分析。

(3)撰写一份实验报告，要求内容翔实、结构完整、格式规范。

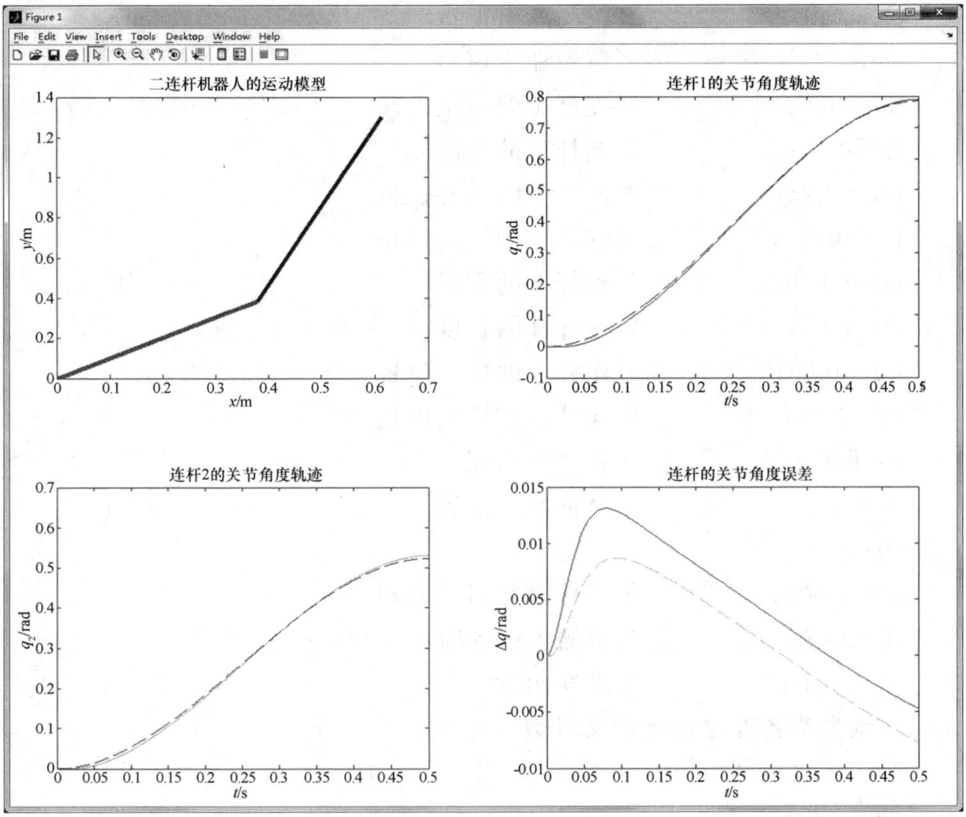

图 4-30 运行结果显示界面

六、实验思考题

(1)为了进一步减少机器人的角度跟踪误差,可在关节驱动力矩中加入重力补偿,试修改相关源程序,并对比加入重力补偿前后的控制效果。

(2)若采用位置式数字 PID 算法计算关节驱动力矩,请编写相关程序,并说明与增量式数字 PID 算法的区别。

七、参考源程序

```
function main()        %函数功能:程序的主函数
clear all;             %清除工作区的所有变量
```

```
close all;              %关闭所有窗口
clc;                    %清楚命令窗口
m1=6.58;                %连杆 1 的质量
l1=0.54;                %连杆 1 的长度
lc1=0.24;               %连杆 1 的质心位置
I1=0.124;               %连杆 1 的转动惯量
m2=0.46;                %连杆 2 的质量
l2=0.95;                %连杆 2 的长度
lc2=0.63;               %连杆 2 的质心位置
I2=0.054;               %连杆 1 的转动惯量
g=9.8;                  %重力加速度
x0=0;                   %坐标原点位置
y0=0;
dt=0.001;               %采样时间间隔(步长)
tf=0.4;                 %机器人运动时间,单位:s
N=tf/dt;                %采样次数
%预先给各变量数组定义维数
t=zeros(1,N);
q1=zeros(1,N);
q2=zeros(1,N);
re_q1=zeros(1,N);
re_q2=zeros(1,N);
dq1=zeros(1,N);
dq2=zeros(1,N);
re_dq1=zeros(1,N);
re_dq2=zeros(1,N);
ddq1=zeros(1,N);
ddq2=zeros(1,N);
%采用三次多项式规划连杆机器人两个关节的角度轨迹
%给定关节角度 1 满足的三次多项式约束条件
```

```
q1_0=0;
q1_f=pi/4;
dq1_0=0;
dq1_f=0;
%由约束条件求解三次多项式的系数
c10=q1_0;
c11=dq1_0;
c12=3*(q1_f-q1_0)/(tf^2)-(2*dq1_0+dq1_f)/tf;
c13=-2*(q1_f-q1_0)/(tf^3)+(dq1_0+dq1_f)/(tf^2);
%给定关节角度2满足的三次多项式约束条件
q2_0=0;
q2_f=pi/6;
dq2_0=0;
dq2_f=0;
%由约束条件求解三次多项式的系数
c20=q2_0;
c21=dq2_0;
c22=3*(q2_f-q2_0)/(tf^2)-(2*dq2_0+dq2_f)/tf;
c23=-2*(q2_f-q2_0)/(tf^3)+(dq2_0+dq2_f)/(tf^2);
%控制变量是q1,q2,dq1,dq2
%每组PID参数都对应特定的关节角动力学模型
kp=[2000;800];ki=[2.8;1.0];kd=[0.1;0.05];%关节角度PID控制器参数
%kp=[2000;500];ki=[1;0.1];kd=[0.1;0.05];
dkp=[100;50];dki=[1;0.1];dkd=[0.1;0.05];%关节角速度PID控制器参数
% kp=[400;10];ki=[0.01;10];kd=[20;1];
%中间变量初始化
q1k=q1_0;   %k时刻的角度1
q2k=q2_0;   %k时刻的实时角度2
```

```
q1k1=q1_0;  %k-1时刻的实时角度1
q2k1=q2_0;  %k-1时刻的实时角度2
dq1k=0;  %实时角速度1
dq2k=0;  %实时角速度2
%PID中间变量初始化
err_q1_k=0;          %关节角度q1在k时刻的角度误差
err_q1_k1=0;         %关节角度q1在k-1时刻的角度误差
err_q1_k2=0;         %关节角度q1在k-2时刻的角度误差
err_dq1_k=0;         %关节角度q1在k时刻的角速度误差
err_dq1_k1=0;        %关节角度q1在k-1时刻的角速度误差
err_dq1_k2=0;        %关节角度q1在k-2时刻的角速度误差
err_q2_k=0;
err_q2_k1=0;
err_q2_k2=0;
err_dq2_k=0;
err_dq2_k1=0;
err_dq2_k2=0;
ddq=[0;0];      %角加速度赋初值
T=[0;0];        %关节驱动力矩赋初值
for k =1:1:N                    %循环时间
    q1(k)=q1k;                  %k时刻关节1的实际角度值
    q2(k)=q2k;                  %k时刻关节2的实际角度值
    dq1(k)=dq1k;                %k时刻关节1的实际角速度值
    dq2(k)=dq2k;                %k时刻关节2的实际角速度值
    ddq1(k)=ddq(1);             %k时刻关节1的实际角加速度值
    ddq2(k)=ddq(2);             %k时刻关节2的实际角加速度值
    t(k)=k*dt;                  %更新采样时刻
    re_q1(k)=c13*t(k)^3+c12*t(k)^2+c11*t(k)+c10;%目标
    角度q1
    re_q2(k)=c23*t(k)^3+c22*t(k)^2+c21*t(k)+c20;%目标
```

```
角度 q2
re_dq1(k)=3 * c13 * t(k)^2+2 * c12 * t(k)+c11；%目标角速度 dq1
re_dq2(k)=3 * c23 * t(k)^2+2 * c22 * t(k)+c21；%目标角速度 dq2
err_q1_k=re_q1(k)-q1(k)；%关节角度 1 误差
err_q2_k=re_q2(k)-q2(k)；%关节角度 2 误差
err_dq1_k=re_dq1(k)-dq1(k)；%关节 1 角速度误差
err_dq2_k=re_dq2(k)-dq2(k)；%关节 2 角速度误差
%计算二连杆机器人动力学模型中的惯性矩阵、向心力和重力项
D11=m1 * lc1^2+m2 * (l1^2+lc2^2+2 * l1 * lc2 * cos(q2(k)))+I1+I2；
D12=m2 * lc2 * (l1 * cos(q2(k))+lc2)+I2；
D21=m2 * lc2 * (l1 * cos(q2(k))+lc2)+I2；
D22=m2 * lc2^2+I2；
D=[D11 D12；D21 D22]；
H11=-2 * m2 * l1 * lc2 * sin(q2(k)) * dq2(k)；
H12=-m2 * l1 * lc2 * sin(q2(k)) * dq2(k)；
H21=m2 * l1 * lc2 * sin(q2(k)) * dq1(k)；
H22=0；
H=[H11 H12；H21 H22] * [dq1(k)；dq2(k)]；
G=[m1 * g * lc1 * cos(q1(k)) + m2 * g * (l1 * cos(q1(k))+
    lc2 * cos(q1(k)+q2(k)))；
    m2 * g * lc2 * cos(q1(k)+q2(k))]；
%增量式数字 PID 算法计算关节的驱动力矩(同时跟踪关节角度和角速度)
dT1=kp(1) * (err_q1_k-err_q1_k1)+ki(1) * err_q1_k+kd(1)
      * (err_q1_k-2 * err_q1_k1+err_q1_k2) +dkp(1) * (err
      _dq1_k-err_dq1_k1)+dki(1) * err_dq1_k+dkd(1) * (err
      _dq1_k-2 * err_dq1_k1+err_dq1_k2)；
```

```
T(1)=T(1)+dT1;
        dT2=kp(2)*(err_q2_k-err_q2_k1)+ki(2)*err_q2_k
        +kd(2)*(err_q2_k-2*err_q2_k1+err_q2_k2)+dkp
        (2)*(err_dq2_k-err_dq2_k1)+dki(2)*err_dq2_k+
        dkd(2)*(err_dq2_k-2*err_dq2_k1 +err_dq2_k2);
T(2)=T(2)+dT2;
ddq=inv(D)*(T-H-G); %根据动力学模型(方程)求得当前
的关节角加速度
%更新PID算法中误差变量的数值
err_q1_k2=err_q1_k1;
err_q1_k1=err_q1_k;
err_dq1_k2=err_dq1_k1;
err_dq1_k1=err_dq1_k;
err_q2_k2=err_q2_k1;
err_q2_k1=err_q2_k;
err_dq2_k2=err_dq2_k1;
err_dq2_k1=err_dq2_k;
dq1k=dq1(k)+ddq1(k)*dt;%更新角速度
dq2k=dq2(k)+ddq2(k)*dt;
q1k=q1(k)+dq1(k)*dt;%更新角度
q2k=q2(k)+dq2(k)*dt;
%由正运动学模型计算机器人连杆关节位置
x1=l1*cos(q1(k));
y1=l1*sin(q1(k));
x2=x1+l2*cos(q1(k)+q2(k));
y2=y1+l2*sin(q1(k)+q2(k));
subplot(2,2,1);        %画出机器人连杆图
plot([x0 x1],[y0 y1],'r',[x1 x2],[y1 y2],'b','LineWidth',5);
%axis([0,1.5,0,1.5]);
xlabel('x/m'),ylabel('y/m'),title('二连杆机器人的运动模型');
```

```
subplot(2,2,2);
plot(t(1:k),q1(1:k),'r',t(1:k),re_q1(1:k),'--b','LineWidth',
2);
%axis([0,tf+0.05,0,q1_f+0.05]);
xlabel('t/s'),ylabel('q1/rad'),title('连杆1的关节角度轨迹');
subplot(2,2,3);
plot(t(1:k),q2(1:k),'g',t(1:k),re_q2(1:k),'--k','LineWidth',
2);
%axis([0,tf+0.05,0,q2_f+0.05]);
xlabel('t/s'),ylabel('q2/rad'),title('连杆2的关节角度轨迹');
subplot(2,2,4);
plot(t(1:k),re_q1(1:k)-q1(1:k),'m',t(1:k),re_q2(1:k)-q2
(1:k),'--c','LineWidth',2);
%axis([0,tf+0.05,0,q2_f+0.05]);
xlabel('t/s'),ylabel('△q/rad'),title('连杆的关节角度误差');
pause(0.001);  %延时
end
end
```

4.7 课程设计——基于工程方法设计转速、电流反馈控制的直流调速系统

一、课程设计内容

采用工程方法设计转速、电流反馈控制的直流调速系统并进行仿真验证。假设转速、电流反馈控制的直流调速系统采用晶闸管三相桥式整流装置供电，其基本参数如下：直流电动机额定转速 $n_N=1\ 200$ r/min，额定电压 $U_N=220$ V，额定电流 $I_N=180$ A，电动势系数 $C_e=0.196$ V · min/r，电流允许过载倍数 $\lambda=1.25$；电动机电枢电阻 $R_a=0.2\ \Omega$，回路总电感 $L=20$ mH；晶闸管整流装置放大倍数 $K_s=36$；电枢回路总电阻 $R=0.6\ \Omega$；机电时间常

数 $T_{m}=0.22$ s；额定转速时的给定电压 $U_{n}^{*}=10$ V；转速调节器和电流调节器的输出限幅值为 10 V。

二、课程设计要求

(1)根据给定直流调速系统中直流电动机的相关参数和调速系统的其他关键参数和技术指标，采用工程设计方法设计转速、电流反馈控制直流调速系统的调节器并计算相关参数，要求该调速系统稳态时无静差，且系统从空载起动到额定转速时电流的超调量 $\sigma_{i}\leqslant5\%$，转速的超调量 $\sigma_{n}\leqslant10\%$。

(2)设计出转速、电流反馈控制直流调速系统的结构原理图，并分析转速、电流反馈控制直流调速系统的工作原理。

(3)采用工程设计方法分别设计双闭环直流调速系统中转速环和电流环调节器的结构，并利用相关方法和原理，结合给定的系统参数计算出各参数值，然后进行调节器中相关电阻、电容等元器件选型。

(4)要求利用 Protel 99 等软件分别画出基于运算放大器、电阻和电容等元器件实现的转速、电流调节器的模拟电路原理图。

(5)双闭环直流调速系统的结构和参数设计完后，在 MATLAB 的 Simulink 中建立相应的模型进行仿真实验，记录相应的仿真曲线和实验数据，并分析相关的实验数据，给出相应的结论，验证设计的系统是否满足要求。

(6)撰写一份课程设计报告，要求结构合理、内容翔实、条理清晰、论证充分、格式规范。

(7)双闭环控制系统中转速调节器、电流调节器的工程设计方法请参考《运动控制系统》教材中相关章节内容。

参 考 文 献

[1] 杨耕，罗应立. 电动机与运动控制系统[M]. 2 版. 北京：清华大学出版社，2014.
[2] 雷丹. 运动控制系统[M]. 北京：人民邮电出版社，2013.
[3] 阮毅，陈伯时. 电力拖动自动控制系统——运动控制系统[M]. 4 版. 北京：机械工业出版社，2009.
[4] 王秀和，孙雨萍. 电机学[M]. 3 版. 北京：机械工业出版社，2019.
[5] 张晓江，顾绳谷. 电机及拖动基础[M]. 5 版. 北京：机械工业出版社，2016.
[6] 王成元，夏加宽，孙宜标. 现代电机控制技术[M]. 2 版. 北京：机械工业出版社，2021.
[7] 王志新，罗文广. 电机控制技术[M]. 2 版. 北京：机械工业出版社，2020.
[8] 王兆安，刘进军. 电力电子技术[M]. 5 版. 北京：机械工业出版社，2019.
[9] 徐德鸿，马皓，汪槱生. 电力电子技术[M]. 北京：科学出版社，2006.
[10] 胡寿松. 自动控制原理[M]. 7 版. 北京：科学出版社，2019.
[11] 钱平. 交直流调速控制系统[M]. 2 版. 北京：高等教育出版社，2005.
[12] 王晓明. 电动机的单片机控制[M]. 5 版. 北京：北京航空航天大学出版社，2020.
[13] 刁统山. 电动机及其计算机仿真[M]. 北京：电子工业出版社，2019.
[14] 洪乃刚. 电力电子、电机控制系统的建模和仿真[M]. 北京：机械工业出版社，2010.
[15] 洪乃刚. 电力电子和电力拖动控制系统的 MATLAB 仿真[M]. 北京：机械工业出版社，2006.

[16] 蒋珉. 控制系统计算机仿真. 2 版. 北京:电子工业出版社,2012.
[17] 付根平. 全自主足球机器人运动控制系统的研制[D]. 广州：广东工业大学，2009.
[18] 周渊深. 交直流调速系统与 MATLAB 仿真[M]. 北京：中国电力出版社，2007.
[19] 黄伟锋，朱立学. 智慧农业测控技术与装备[M]. 成都：西南交通大学出版社，2021.
[20] 战强. 机器人学:机构、运动学、动力学及运动规划[M]. 北京：清华大学出版社，2019.